333 Traktoren,
die man kennen muss

Albert Mößmer

333 Traktoren

die man kennen muss

GeraMond

AGCO
DT275

Traktoren werden immer größer, und mit ihnen auch die Maschinen. Einstellungen am Anbaugerät können heute meist direkt von der Traktor-Kabine aus vorgenommen werden.

Die Zugmaschine der Otto Gas Engine Works in Philadelphia gehörte zu den ersten Traktoren.
Das 1894 gebaute Gefährt wurde von einem 26 PS starken Petroleummotor angetrieben.

Ein Querschnitt durch die Welt der Traktoren

Innerhalb von nur hundert Jahren hat sich die Landwirtschaft radikal verändert. Ein Bauer, der in der Zeit rund um den Ersten Weltkrieg seinen Hof bewirtschaftete, wäre über die hochtechnisierten landwirtschaftlichen Betriebe von heute mehr als erstaunt. Die Landwirtschaft galt einst als sehr arbeitsintensiv. Noch 1950 waren etwa 23 Prozent der Erwerbstätigen in der Bundesrepublik Deutschland im landwirtschaftlichen Bereich tätig. Bereits 1989 war dieser Anteil auf 3,7 Prozent geschrumpft. Gleichzeitig war die Produktion so gestiegen, dass man in den 1980er-Jahren von Butterbergen und Milchseen sprach. Nahrungsmittelknappheit war nur noch aus Geschichtsbüchern oder Berichten über Länder der Dritten Welt bekannt. Diese Entwicklung geht auf viele Ursachen zurück. Aber eine davon ist sicherlich die Motorisierung der Landwirtschaft, allen voran die Einführung von Schleppern, mit denen die tierische und zum großen Teil auch die menschliche Arbeitskraft ersetzt wurde. Die Traktoren hatten einige Vorteile gegenüber den Pferden, Ochsen, Kühen und anderen Tieren, die zum Ziehen von Wagen und Geräten eingesetzt wurden: sie waren ermüdungsfrei und im Gegensatz zu den Tieren benötigten sie kein Futter, wenn sie keine Arbeiten zu verrichten hatten. Sie benötigten zwar unter Umständen Reparaturen, konnten aber nicht krank werden. Ein weiterer Vorteil zeigte sich erst im Laufe der Zeit, nämlich die Möglichkeit, immer stärkere Modelle zu bauen. Große landwirtschaftliche Güter hatten zwar auch viele Pferde eingesetzt und im Westen Nordamerikas hatte man Mähdrescher von bis zu 40 Maultieren ziehen lassen, aber irgendwann stieß man an eine Grenze. Die Traktoren machten dagegen rapide Fortschritte hinsichtlich der Motorleistung. Für einen Kleinbauern reichte nach dem Zweiten Weltkrieg noch ein 10-PS-Schlepper, um ein Pferd oder eine Kuh zu ersetzen. Aber für diejenigen, die es sich leisten konnten, standen bald erheblich stärkere Modelle zur Verfügung. Mit ihnen war die Verwendung immer größerer Maschinen möglich. Ab den 1950er-Jahren erleichterten und beschleunigten beispielsweise die gezogenen Mähdrescher die Getreideernte, was ohne starke Traktoren nicht möglich gewesen wäre.

Dieses Buch stellt 333 Schlepper vor. Die Modellpalette reicht von der Anfangszeit des Traktorbaus bis in die jüngere Zeit. Einige der größten Schlepper werden vorgestellt, aber auch kleine Modelle, sogenannte Bauernschlepper. Schließlich werden auch Typen beschrieben, die wegen ihres Verkaufserfolgs, ihrer innovativen Technik, ihrer Vielseitigkeit oder aus anderen Gründen hervorragten.

Traktoren interessieren nicht nur Landwirte. Jedes Jahr finden überall im Land Traktor-Oldtimertreffen statt, die oft Tausende von Besuchern anlocken. Oldtimer-Liebhaber wenden viele Stunden Arbeit auf, um alte Schlepper liebevoll zu restaurieren. Auch einige Museen sind entstanden, um sich dem Thema Traktor und Landtechnik zu widmen. Davon handeln die letzten Seiten des Buches.

Albert Mößmer, im Herbst 2014

Inhalt

Ein D 25 06 von Deutz. Zur Baureihe 06 seit 1968 gehörte auch dieses kleinere Modell.

Traktortreffen erfreuen sich wachsender Beliebtheit. Oft bieten sie den Herstellern auch die Möglichkeit, ihre neuen Modelle vorzustellen.

PAF LD 134
40
DAH GH 93
50
25

Die frühen Traktoren

Von den Anfängen bis zum Zweiten Weltkrieg

Die ersten Impulse zur Entwicklung echter Traktoren kamen aus den USA, wo John Froelich 1892 einen der ersten Schlepper gebaut hatte. Es war aber der Autopionier Henry Ford, der erstmals Traktoren in großen Mengen am Fließband fertigen ließ. Die Fordson-Schlepper wurden zu einem Meilenstein in der Traktorentwicklung. Die Blockbauweise gehörte zu den wichtigsten Merkmalen.

Während die Fordson-Schlepper in den USA und auf den britischen Inseln Erfolge feierten, gab es in Deutschland mit Lanz schon früh einen Hersteller, der den Markt beherrschte. Der Lanz-Bulldog wurde zur Legende. Daneben traten mit Deutz und Hanomag noch zwei Unternehmen auf, die dem Traktorbau wesentliche Impulse gaben. Deutz stellte den ersten Bauernschlepper her, Hanomag glänzte mit einem hervorragenden Vierzylinder-Dieselmotor.

Es drängten immer mehr Hersteller auf den Markt, darunter auch die heute noch bekannten Marken Fendt, Kramer, Eicher oder International Harvester Company, die in Neuss eigene Modelle für den deutschen Markt baute. Andere Produzenten

Vor dem Zweiten Weltkrieg war Lanz aus Mannheim mit großem Abstand Marktführer im Traktorsektor. Hier ein D 9506.

In den frühen Jahren wurde die Motorkraft der Traktoren oft als Antriebsquelle für andere Maschinen, wie hier eine Dreschmaschine, verwendet.

wie Ritscher, Deuliewag, Normag, LHB oder Primus boten teilweise sehr innovative Modelle an. Außer den Fordson-Schleppern spielten Importe noch fast keine Rolle. Das sollte noch lange so bleiben. Ein besonderer Traktortyp war der Raupenschlepper, der anstatt der Räder Gleisketten hatte. Mit ihm war es möglich, moorige oder steile Gelände zu bearbeiten. Ein Pionier war hier Hanomag. Wichtig wurden auch die Straßenschlepper – Zugmaschinen für den Transport in den Städten. Sie waren die Vorläufer der Lieferwagen.

Kurz vor dem Zweiten Weltkrieg stellte Adolf von Schell, der Verantwortliche für das Kraftfahrwesen, einen Plan auf, der die Produktion vereinheitlichen sollte. Verschiedenen Herstellern wurden Zulassungen zum Bau bestimmter Schlepper erteilt. Weitaus die meisten Firmen mussten 22 PS starke Traktoren bauen. Die drei großen Hersteller Lanz, Deutz und Hanomag erhielten die Zulassung für mehrere Typen und vor allem auch für die schweren 50-PS-Traktoren.

Als während des Zweiten Weltkriegs die Verwendung von flüssigen Kraftstoffen außerhalb des militärischen Bereichs verboten wurde, kam es zum Einsatz von Holzgasgeneratoren. Der Kraftstoff für den Motor wurde damit aus Holzstücken gewonnen. Die meisten Holzgasschlepper wurden nach dem Krieg auf Dieselbetrieb umgebaut.

In den 1950er-Jahren kamen die Geräteträger auf. Sie zeichneten sich durch ihre vielseitige Einsetzbarkeit aus. Der einzige Hersteller, der mit diesem Traktortyp wirklich Erfolg hatte, war jedoch Fendt.

Froelich Tractor

01

Der erste Traktor der Welt wurde in den USA gebaut. John Froelich hatte sich die ersten Automobile in Deutschland zum Vorbild genommen und bereits 1892 seinen Froelich Tractor gebaut. Er hatte einen voluminösen Einzylinder-Motor von Van Duzen, der auf einem Kutschenchassis ruhte. Vorn waren kleinere, hinten größere Räder am Rahmen angebracht. Das neuartige Gefährt hatte aber keinen Erfolg. Nur vier Exemplare wurden gebaut.

TECHNISCHE DATEN	
Bauzeit	ab 1892
Motor	Otto-Motor Van Duzen
Getriebe	1V 1R
Leistung	20 PS
Hubraum	35500 ccm
Zylinder	1
Höchstgeschwindigkeit	5,6 km/h
Länge	k.A.
Gewicht	4082 kg

Der erste Traktor der Welt wurde von der Herstellerfirma Waterloo lediglich viermal gebaut.

Landbau-Motor System Köszegi

02

Der Ungar Karl Köszegi hatte 1905 eine Motorfräse mit dem Namen Landbau-Motor konstruiert, die er weiterentwickelte. 1909 stellte er die Maschine bei der DLG-Ausstellung in Leipzig vor. Die Bodenfräse wurde durch zwei Personen bedient. Sie hatte einen Vierzylinder-Benzinmotor, der auf einen Rahmen gesetzt war. Der Boden wurde bis zu 35 cm tief gefräst und saatbereit gemacht. In zehn Stunden sollten etwa acht Hektar bearbeitet sein. Lanz erwarb 1911 von Köszegi die Patente.

TECHNISCHE DATEN	
Bauzeit	1911
Motor	Kämper Benziner
Getriebe	keine
Leistung	60 PS
Hubraum	k.A.
Zylinder	4
Höchstgeschwindigkeit	k.A.
Länge	k.A.
Gewicht	6000 kg

Der Ungar Köszegi konnte nur einige seiner Landbau-Motoren bauen.

03 Fordson F

Unglaubliche 750.000 Stück wurden von diesem Modell gebaut.

Henry Ford hat nicht nur mit dem Model T eines der meistverkauften Autos aller Zeiten gebaut, sondern auch den meistgebauten Traktor aller Zeiten verkauft: das Modell F. Ford war auf dem Land aufgewachsen und sehr an Landtechnik interessiert. Er wollte einen billigen Schlepper anbieten, den ähnlich wie das Model T auch Menschen mit kleinerem Geldbeutel kaufen konnten. Seit seiner Vorstellung 1917 errang er eine Marktposition von fast 75% in den USA, denen damit endgültig der Einstieg in die Motorisierung der Landwirtschaft gelang – Jahre vor den Europäern.

▶ Wussten Sie schon?
Kein anderer Traktor wurde häufiger gebaut als der Fordson F, mit dem Henry Ford viele Neuerungen einbrachte.

Das besondere an dem F war der Entwurf in Blockbauweise, das bedeutet, der Motor und das Getriebe trugen das Gewicht, nicht etwa ein Rahmen, wie das bei der Konkurrenz der Fall war. Das machte ihn billiger und leichter, somit wieder leistungsfähiger. Motorisiert war er mit einem Vierzylinder-Vergasermotor. Mit seinen Konstruktionsprinzipien bestimmte Ford den Traktorbau weltweit in unvergleichlicher Weise.

TECHNISCHE DATEN

Bauzeit	1917–1928
Motor	Hercules Vergaser-Motor
Getriebe	3V 1R
Leistung	20 PS
Hubraum	3916 ccm
Zylinder	4
Höchstgeschwindigkeit	11 km/h
Länge	k.A.
Gewicht	1232 kg

IHC 8-16 Junior

04

Der 8-16 Junior wurde von International Harvester 1917 auf den Markt gebracht. Er war das erste Modell, mit dem man von Seiten der IHC der Nachfrage nach leichteren Traktoren entgegen kam. Die Vorgänger waren alle groß und schwer. Der Hauptkonkurrent war das Model F von Fordson. Was den 8-16 Junior unter den innovativsten Traktoren einreiht, ist die Zapfwelle, die mit einigen Exemplaren dieses Modells verfügbar war. Allerdings gab es dafür nur einen Mähbinder von IHC.

Der IHC 8-16 Junior war ein für seine Zeit leichter Traktor mit einer optionalen Zapfwelle.

TECHNISCHE DATEN	
Bauzeit	1917–1922
Motor	IHC Kerosin-Motor
Getriebe	3V 1R
Leistung	18,5 PS
Hubraum	4430 ccm
Zylinder	4
Höchstgeschwindigkeit	k.A.
Länge	3350 mm
Gewicht	1496 kg

John Deere Waterloo Boy Typ N

05

Die Firma des Erbauers des ersten Traktors, Froelich, hieß Waterloo Gasoline Traction Engine Company. Erst 1911 erfolgte der Wiedereinstieg in die Traktorproduktion mit den erfolgreichen Waterloo Boys. Mit dem Modell R gelang der entscheidende Durchbruch. 9.310 Fahrzeuge konnten verkauft werden. 1918 übernahm John Deere die Firma und führte mit dem Typ N eine Version des R mit zwei Vorwärtsgängen ein. Er hatte einen langsam laufenden Zweizylinder-Benzinmotor.

Der Typ N war der erste von John Deere gebaute Serientraktor.

TECHNISCHE DATEN	
Bauzeit	1919–1924
Motor	John Deere Kerosin-Motor
Getriebe	2V 1R
Leistung	25 PS
Hubraum	7600 ccm
Zylinder	2
Höchstgeschwindigkeit	4,8 km/h
Länge	3353 mm
Gewicht	2804 kg

06 Lanz 12-PS-Bulldog, Typ HL

Fast schon so etwas wie ein Popstar ist der erste Bulldog und der erste erfolgreiche deutsche Traktor heute geworden. 1921 wurde das kleine Gerät erstmals vorgestellt. Lanz hat als Antrieb einen Glühkopfmotor gewählt, denn der ist robust, man kann ihn mit allen möglichen Treibstoffen bis hin zum Altöl füttern und er verlangt einem technisch unbedarften Landwirt jener Zeit nicht viel ab.

Auf ein Getriebe hatte man bei den ersten Exemplaren noch verzichtet. Man konnte nur durch eine höhere oder niedrigere Drehzahl des Motors die Fahrgeschwindigkeit bestimmen. Wollte man rückwärts fahren, blieb nichts anderes übrig, als die Laufrichtung des Motors umzukehren. Die Höchstgeschwindigkeit lag bei 4 km/h. Nach dem ab 1923 möglichen Einbau eines Zweigang-Getriebes, das man auch nachrüsten lassen konnte, waren 12 km/h möglich. Den HL-Bulldog gab es in verschiedenen Ausführungen als Eisenbulldog nur für den Acker, als Gummibulldog mit Gummireifen eher für Speditionen. Die DLG verlieh dem Bulldog 1922 die begehrte große silberne Denkmünze.

TECHNISCHE DATEN

Bauzeit	1921–1927
Motor	Lanz Glühkopfmotor
Getriebe	keine
Leistung	12 PS
Hubraum	6238 ccm
Zylinder	1
Höchstgeschwindigkeit	10 km/h
Länge	2250 mm
Gewicht	1850 kg

Der Glühkopfmotor des ersten Bulldogs von Lanz war damals eine radikale Neuerung, die den Traktorbau in Deutschland prägte.

Deutz Deutzer Trekker

07

Dank seiner Seilwinde und der Kraft eines 40-PS-Motors ließ sich der Trekker bei Forstarbeiten gut gebrauchen.

Im Ersten Weltkrieg war Deutz voll in die Produktion kriegswichtiger Güter eingespannt worden. Dabei stellte man auch Zugmaschinen für die schwere Artillerie her. Bei der Umstellung auf die Friedenswirtschaft versuchte man, solche Fahrzeuge für land- und forstwirtschaftliche Zwecke zu modifizieren. 1919 stellte Deutz seinen Trekker vor, der einen 40-PS-Motor erhielt. Der Fahrer saß wegen der aufwendigen Achsfederungs-Konstruktion so weit oben in einer offenen Kabine, dass er zum Einsteigen eine kleine Leiter brauchte. Der Trekker sollte auch mit Pflügen arbeiten, doch seine hauptsächliche Aufgabe war das Ziehen von Wagen und der Transport von Baumstämmen in der Forstwirtschaft. Hierfür war die Seilwinde, mit der der Deutzer Trekker ausgestattet war, besonders nützlich. Die schlechte Wirtschaftslage in der unmittelbaren Nachkriegszeit war sicherlich ein wichtiger Grund dafür, dass sich dieses Fahrzeug nicht wunschgemäß erfolgreich verkaufen ließ.

▶ Wussten Sie schon?

Der Deutzer Trekker war ursprünglich als Artillerie-Zugmaschine entworfen worden.

TECHNISCHE DATEN

Bauzeit	1919–1925
Motor	BMW BMF118
Getriebe	3V 1R
Leistung	40 PS
Hubraum	k.A.
Zylinder	4
Höchstgeschwindigkeit	6 km/h
Länge	4400 mm
Gewicht	3600 kg

Seine geringe Breite und der geländegängige Allradantrieb machten den HP – vor allem in Frankreich – als Weinbergschlepper interessant.

08 Lanz HP-Bulldog

Zu den echten Innovationen, die sich aber leider nie durchsetzen konnten, zählt der als Knicklenker bekannte HP-Bulldog. Die beiden Achsen liefen beim Kurvenfahren nicht parallel, sondern die Vorderachse drehte sich in Fahrtrichtung ein. Die Lenkung wirkte nicht auf die Vorderachse, sondern auf das Gelenk, das den vorderen Schlepperteil mit dem hinteren verband. Auffallend an diesem Schlepper ist, dass die Vorderräder größer sind als die Hinterräder. Das hatte damit zu tun, dass die Konstrukteure das Schleppergewicht so verteilt haben, dass beim Feldeinsatz der Bodendruck beider Achsen etwa gleich war. Hauptaufgabe des HP war das Pflügen. Es gab auch verbreiterte Moorräder und Räder mit Elastikbelag. Vor allem die zu geringe PS-Stärke, aber auch der hohe technische Aufwand der noch nicht ausgereiften Allradtechnik sorgten für das Aus des einzigen Allradschleppers von Lanz.

▶ Wussten Sie schon?

Der bereits 1923 gebaute HP-Bulldog war der einzige Allradschlepper und der einzige Knicklenker der Firma Lanz.

TECHNISCHE DATEN	
Bauzeit	1923–1926
Motor	Lanz Glühkopfmotor
Getriebe	keine
Leistung	12 PS
Hubraum	6238 ccm
Zylinder	1
Höchstgeschwindigkeit	4,2 km/h
Länge	2500 mm
Gewicht	1500 kg

Lanz HM („Mops“)

Die Telegramm-Bezeichnung wurde auch bei der Namensgebung dieses Schleppers prägend: Mops. Er war ein kleiner Bruder des Bulldogs und wurde ebenfalls 1923 eingeführt. Für den Mops hatte Lanz einen kleineren Glühkopfmotor konstruiert, der mit 3,8 Litern um ein Drittel kleiner war als der des HL-Bulldogs. Auch der Mops hatte kein Schaltgetriebe, sondern er konnte nur durch das Umsteuern des Motors in Vorwärts- oder Rückwärtsfahrt gebracht werden.

Der Schwachpunkt des Mops war, dass er als wirklicher Ackerschlepper nicht geeignet war. Lediglich als stationäre Kraftquelle ausreichend, konnte er nur mit vielen Einschränkungen – vor allem auch wegen der niedrigen Fahrgeschwindigkeit – Transporte übernehmen.

TECHNISCHE DATEN

Bauzeit	1923–1925
Motor	Lanz Glühkopfmotor
Getriebe	keine
Leistung	8 PS
Hubraum	3818 ccm
Zylinder	1
Höchstgeschwindigkeit	4 km/h
Länge	2050 mm
Gewicht	1250 kg

Mit 8 PS ist der „Mops“ die kleinere Variante des 12-PS-Bulldogs.

Das Model D war der erste von John Deere selbst konstruierte Traktor.

10 John Deere Model D

Das Modell D war 1923 die erste eigene Neuentwicklung der Firma John Deere, nachdem man vorher Traktoren der zugekauften Firma Waterloo gebaut hatte. Die niedrigen Preise der Konkurrenzmodelle von International Harvester und Fordson verlangten ein billig zu bauendes, möglichst vielseitiges und technisch überlegenes Modell. Das ist John Deere mit dem Model D gelungen. Die Konstruktion war einfach und robust. Jeder halbwegs technisch begabte Laie konnte viele Probleme selbst beseitigen.

▶ Wussten Sie schon?
Über 160.000 Exemplare dieses Schleppers konnten in seiner dreißigjährigen Bauzeit verkauft werden.

Bis 1953 war der D auf dem Markt, also die beeindruckende Zeit von dreißig Jahre lang. Im Laufe seiner Geschichte erlebte der D allerdings einige Faceliftings. Es begann 1931 mit einem leistungsfähigeren Motor. 1934 erhielt er ein neues Dreigang-Getriebe. 1939 wandelte sich sein Äußeres, denn der D wurde wie die anderen John-Deere-Modelle dieser Zeit „gestylt", das heißt in einem neuen Design gebaut, das auf den New Yorker Industriedesigner Dreyfuss zurückgeht.

TECHNISCHE DATEN	
Bauzeit	1923–1953
Motor	John Deere Kerosin-Motor
Getriebe	3V 1R
Leistung	41,6 PS
Hubraum	8200 ccm
Zylinder	2
Höchstgeschwindigkeit	5,5 km/h
Länge	3302 mm
Gewicht	2359 kg

Lanz Felddank FHD

Feldmotor Huber Typ D hieß dieses Modell eigentlich. Doch der FHD wurde bald nur noch nach seinem Telegrammwort als Felddank bezeichnet. Er war auf Grundlage des Feldmotors entstanden, hatte aber einen Glühkopfmotor, nachdem man beim Bulldog gesehen hatte, wie beliebt er bei den Kunden war. Der Felddank war das einzige Fahrzeug von Lanz, das je einen mehrzylindrigen Glühkopfmotor bekam. Dieser stehende Motor mit einem Hubraum von 12,5 Litern erzielte bei einer Drehzahl von 650 U/min 38 PS. Die Acker-Version war mit Eisenrädern versehen. Unter dem Namen Verkehrs-Felddank wurde er als Straßenzugmaschine mit Vollgummireifen und serienmäßiger Seilwinde verkauft. Der Felddank war nach den Erfolgen der Bulldogs entstanden. Er wurde 1926 vom Großbulldog HR abgelöst, der einen Entwicklungsschub bedeutete.

TECHNISCHE DATEN	
Bauzeit	1923–1927
Motor	Lanz Glühkopfmotor
Getriebe	3V 1R
Leistung	38 PS
Hubraum	12475 ccm
Zylinder	2
Höchstgeschwindigkeit	9,9 km/h
Länge	3795 mm
Gewicht	4200 kg

Auf Wunsch verkaufte Lanz eine Schnellversion, die Geschwindigkeiten bis zu 10 km/h ermöglichte.

12

MWM Motorpferd

Das Motorpferd war das erste in Serie gebaute Dieselfahrzeug der Welt.

MWM ist im Schlepperbau als Motorenlieferant bekannt, doch dass die Firma von Carl Benz auch einen Traktor gebaut hat, wissen nur wenige. Es handelt sich überdies um das erste Dieselfahrzeug der Welt in Serienfertigung. Der als Motorpferd bezeichnete Traktor wurde ab 1924 gebaut. Sein kompressorloser Zweizylindermotor bot 18 PS, das Zweigang-Getriebe erlaubte bis zu 12 km/h. Das Motorpferd eignete sich eher für Transportaufgaben als zum Arbeiten auf dem Feld.

TECHNISCHE DATEN	
Bauzeit	1924–1931
Motor	MWM Diesel
Getriebe	2V 1R
Leistung	18 PS
Hubraum	4415 ccm
Zylinder	2
Höchstgeschwindigkeit	12 km/h
Länge	k.A.
Gewicht	2500 kg

13

Fendt Grasmäher (1928)

Dieses Fahrzeug war das erste von Hermann Fendt gebaute Fahrzeug. Es blieb ein Einzelstück.

Der erst 17-jährige Hermann Fendt aus Marktoberdorf im Allgäu baute 1928 zusammen mit Vater Johann Georg seinen ersten Grasmäher. Das war ein Traktor mit einem liegenden Viertakt-Benzinmotor MA 608 von Deutz. Gerade mal vier PS waren aus dem kleineren Einzylinder herauszuholen. Ein Rahmen trug die Aufbauten, das linke Hinterrad wurde über eine Kette angetrieben. Das Dreigang-Getriebe stammte von Opel. Aus den Erfahrungen mit diesem Modell entstanden in der Folge die ersten Serien-Dieselrösser.

TECHNISCHE DATEN	
Bauzeit	1928
Motor	Viertakt-Otto-Motor
Getriebe	3V 1R
Leistung	4 PS
Hubraum	k.A.
Zylinder	1
Höchstgeschwindigkeit	k.A.
Länge	k.A.
Gewicht	k.A.

Lanz HR 2 Verkehrs-Bulldog 22/28 PS

Weil sich der Großbulldog in der Ackerversion hervorragend bewährt hatte, führte Lanz 1927 den Verkehrs-Bulldog HR 2 ein. Statt der Eisenräder hatte dieses Modell eine vorne einfache und hinten doppelte Elastikbereifung. Als zusätzliche Ausrüstung hatte der Verkehrs-Bulldog ein Fahrerdach, einen zweiten Fahrersitz, elektrische oder Karbidbeleuchtung und eine Sandstreuanlage für glatte Strecken. Dieser Lanz-Bulldog gehörte vielerorts sehr bald zum alltäglichen Bild auf den Straßen im In- und Ausland. Er war bei Spediteuren, Schaustellern und bei Landwirten, die einen erhöhten Transportbedarf hatten, sehr beliebt. Seine besondere Getriebeübersetzung erlaubte diesem Fahrzeug Geschwindigkeiten bis zu 14 km/h. Die Zugleistung des Traktors betrug auf einer festen und ebenen Straße bis zu 14 Tonnen. Mit den Großbulldogs 22/28 PS wurden erstmals in Deutschland Traktoren am Fließband gefertigt. Außerdem waren sie die ersten Lanz mit einer Zapfwelle.

TECHNISCHE DATEN	
Bauzeit	1927–1929
Motor	Lanz Glühkopfmotor
Getriebe	4V 4R
Leistung	28 PS
Hubraum	10338 ccm
Zylinder	1
Höchstgeschwindigkeit	14 km/h
Länge	3000 mm
Gewicht	3500 kg

22/28 PS kennzeichnen die Dauerleistung und die Nennung der Höchstleistung über eine Stunde.

15 Hanomag WD 28

Der WD 28 war eine gelungene Antwort von Hanomag auf den billigen Fordson-Schlepper.

Als Nachfolger des ab 1924 produzierten WD-Schleppers R 26 mit 26 PS stellte Hanomag 1925 den stärkeren WD 28 vor. Er war wie der damals führende Fordson-Schlepper in Blockbauweise konstruiert. Weil Diesel in diesen Jahren noch nicht in Betracht kam, da es bis dahin nicht gelungen war, einen geeigneten Motor zu bauen, verwendete Hanomag einen Viertakt Benzol-Motor. Der langsam laufende Vierzylinder-Motor mit einem Hubraum von 4.250 Kubikzentimetern leistete 27 PS. Besonderes Kennzeichen dieses Fahrzeugs war – wie auch noch lange Zeit später – der Fasstank unmittelbar vor dem Lenkrad. Der WD 28 hatte drei Vorwärtsgänge und einen Rückwärtsgang. Die eisenbereifte Ackervariante erreichte damit 8 km/h, während der Straßenschlepper dank seiner Elastik- oder Hochdruckluftreifen 15 km/h erzielte. Ab 1929 gab es die Ackervariante auch mit Ackerluftreifen. 1927 wurde das Modell überarbeitet und in einigen Punkten verbessert. Erst 1932 lief der letzte WD 28 aus der Fertigungshalle. Jetzt hatten die Dieselschlepper das Heft in die Hand genommen.

TECHNISCHE DATEN	
Bauzeit	1925–1935
Motor	Hanomag Otto-Motor R 28
Getriebe	3V 1R
Leistung	28 PS
Hubraum	4252 ccm
Zylinder	4
Höchstgeschwindigkeit	15 km/h
Länge	3130 mm
Gewicht	1950 kg

Deutz MTH 222

Nach dem Prototyp MTH 122 kam 1926 mit dem MTH 222 der erste Dieseltraktor von Deutz auf den Markt. Die Rahmenkonstruktion trug den Deutz-Motor MAH mit Verdampfungskühlung. Als Brennstoff waren alle möglichen Arten von Öl, Petroleum etc. möglich, der Start erfolgte recht unkompliziert. Das erleichterte den Betrieb dieser Schlepper. Es gab eine Version mit einem Vorwärts- und einem Rückwärtsgang, die mit nur 3,5 km/h Spitzengeschwindigkeit auch für die damalige Zeit auf der Straße ein Hindernis war. Die wesentlich häufiger gebaute Zweigang-Version brachte es auf immerhin 7,6 km/h. Für die Arbeit auf dem Acker war dieses Modell nicht gut geeignet. Die nötige Bodenhaftung fehlte und wenn der Untergrund feucht und weich war, konnte man sicher sein, darin stecken zu bleiben. 1928 stellte Deutz mit dem MTH 322 eine verbesserte Variante vor, doch war inzwischen mit der MTZ-Baureihe schon im eigenen Haus ein Konkurrent erwachsen. Dessen im Vergleich größerer Vielseitigkeit war der MTH 322 nicht gewachsen.

▶ Wussten Sie schon?
Mit diesem Modell gelang Deutz der erste Dieselschlepper und endgültig der Einstieg in den Traktorenbau.

TECHNISCHE DATEN

Bauzeit	1926–1930
Motor	Deutz MTH 222 (MAH)
Getriebe	2V 1R
Leistung	14 PS
Hubraum	2861 ccm
Zylinder	1
Höchstgeschwindigkeit	7,6 km/h
Länge	k.A.
Gewicht	2600 kg

Der MTH 222 war der erste Serientraktor von Deutz. Er hatte vor allem Zugaufgaben.

17 John Deere GP

Mit dem 1926 eingeführten, als General-Purpose-Traktor bezeichneten Farmall schaffte es International Harvester, die Dominanz von Fordson zu brechen und den anderen Konkurrenten John Deere weiter abzuhängen. Doch die Firma mit dem Hirsch im Logo gab nicht auf und konnte 1928 mit dem GP einen konkurrenzfähigen Traktor präsentieren. Besonders interessant war der neuartige mechanische Kraftheber. Beim GP hatte man erstmals die Möglichkeit, mit einem Pedal die Motorkraft auf den Kraftheber zu übertragen und die Anbaugeräte zu heben und zu senken. Sehr bald ahmten andere Hersteller diese Technik nach.

Wussten Sie schon?
General Purpose steht für Vielseitigkeit und bedeutet etwa Universaltraktor. Abgekürzt wurde der Begriff mit GP.

1931 tauschte John Deere den 20 Horse Power starken Motor gegen einen leistungsfähigeren mit etwas höherer Drehzahl aus. Eine exklusive Besonderheit waren die 24 Traktoren, die von der Firma Lindeman zu Raupenschleppern umgebaut wurden. Sie wurden als GPO-L oder GPO Lindeman bezeichnet. Außerdem gab es eine Obstbauversion mit geschlossenen Kotflügeln. 1935 wurde der Bau der GP-Traktoren eingestellt.

TECHNISCHE DATEN	
Bauzeit	1928–1935
Motor	John Deere Kerosin-Motor
Getriebe	3V 1R
Leistung	25 PS
Hubraum	5100 ccm
Zylinder	2
Höchstgeschwindigkeit	k.A.
Länge	2845 mm
Gewicht	1632 kg

Das Modell GP hatte bereits eine Zapfwelle und einen Kraftheber.

18

Mercedes-Benz Typ OE

Es ist wenig bekannt, dass Mercedes-Benz bereits lange vor dem Unimog landwirtschaftliche Fahrzeuge produzierte. Das wichtigste Modell, wenn auch nur 380-mal gebaut, war der Typ OE aus dem Jahr 1928. Da der Motor offenbar nicht überzeugte, wurde er schon im folgenden Jahr durch einen größeren ersetzt. Der liegend eingebaute Einzylinder-Diesel erbrachte eine Leistung von 26 PS. Es gab Ackerschlepper mit Eisenrädern und Straßenschlepper mit Elastikreifen.

Der Typ OE ist ein frühes Zeugnis für das Interesse der Marke mit dem Stern an der Landwirtschaft.

TECHNISCHE DATEN

Bauzeit	1928–1935
Motor	Mercedes-Benz OM 364 A (Turbo)
Getriebe	3V 1R
Leistung	26 PS
Hubraum	4239 ccm
Zylinder	1
Höchstgeschwindigkeit	15 km/h
Länge	k.A.
Gewicht	2560 kg

19

IHC F-12

Der F-12 wurde von der International Harvester Company ab 1932 in Chicago hergestellt. Über 123.000 Exemplare wurden von dort aus in alle Welt verschickt. In den USA war er vor allem in der Ausführung mit dem vorderen Doppelrad für den Einsatz in Reihenkulturen beliebt. Aber 1937 wurde das Modell auch in dem IHC-Werk in Neuss am Rhein hergestellt, jedoch an deutsche Verhältnisse angepasst und als Vierrad-Ausführung. Der F-12 war optional mit Eisenrädern oder mit Ackerlufträdern erhältlich.

Die Reihenkultur-Ausführung mit dem Doppelrad war vor allem in den USA beliebt.

TECHNISCHE DATEN

Bauzeit	1932–1938
Motor	IHC Petroleum-Motor
Getriebe	3V 1R
Leistung	15 PS
Hubraum	1840 ccm
Zylinder	4
Höchstgeschwindigkeit	7 km/h
Länge	3180 mm
Gewicht	1224 kg

20 John Deere Model A

Das Model A von 1934 wurde ein Meilenstein in der Geschichte der Traktoren von John Deere. Seine Konstruktion resultiere aus den Erfahrungen, die man mit dem D und dem GP hatte sammeln können. Mit dem Model A sicherte sich Deere & Company bei den Marktanteilen auf dem amerikanischen Markt den zweiten Rang.

TECHNISCHE DATEN	
Bauzeit	1932–1952
Motor	John Deere Kerosin-Motor
Getriebe	4V 1R
Leistung	24,7 PS
Hubraum	5100 ccm
Zylinder	2
Höchstgeschwindigkeit	10 km/h
Länge	3150 mm
Gewicht	1599 kg

Der A verfügte über ein Viergang-Getriebe, das eine Höchstgeschwindigkeit von 10 km/h erlaubte. 1939 erhielt der A einen neuen Motor, eine Leistung von 29, 6 hp abgab und ein neues Sechsganggetriebe.

Der Kraftheber arbeitete hydraulisch. Der Farmer konnte mit wenigen Handgriffen den Abstand der beiden Hinterräder verändern. Das Lenkrad lag über der Haube und mündete vor dem Kühlergrill in eine Frontsäule, die die Lenkbewegungen auf das Vorderachspaar übertrug. Das Model A war das erste von John Deere, das auch mit Luftbereifung angeboten wurde. Im Jahr 1938 wurde unterzog der Industriedesigner Dreyfuss diesen Typ einem Facelifting. John Deere bot dieses Modell in verschiedenen Varianten an.

1934 wurde einer der erfolgreichsten Deere-Schlepper vorgestellt. Bis 1952 wurde der A gebaut.

Deutz F2M 315

Bis zum erzwungenen Produktionsstopp 1942 konnten fast 12.000 F2M 315 verkauft werden. In Deutschland damals eine gigantische Zahl.

Deutz stellte 1933 ein völlig neu konstruiertes Modell vor, das sehr bald unter dem Namen „Stahlschlepper" große Berühmtheit erlangte. Diesen Beinamen hatte der Schlepper von der Gussölwanne aus Stahl, die das Getriebe umgab. Anders als bei den Vorgängermodellen hatten sich die Kölner für die Blockkonstruktion der Fordsons entschieden. Der Motor F2M 315 war ein Zweizylinder mit einer Leistung von 28 PS bei 1.200 U/min und einem für damalige Verhältnisse niedrigen Kraftstoffverbrauch.

Die Ackerversion des F2M 315 bekam ein Dreigang-Getriebe, die Straßen- und Universalschlepper erhielten fünf Gänge. Die Riemenscheibe war serienmäßig, eine Zapfwelle war gegen Aufpreis erhältlich.

▶ Wussten Sie schon?

Der Stahlschlepper war stark genug, Bindemäher und Mähdrescher anzutreiben. Das machte ihn für Großbetriebe interessant.

TECHNISCHE DATEN

Bauzeit	1933–1942
Motor	Deutz F2M 315
Getriebe	5V 1R
Leistung	28 PS
Hubraum	3400 ccm
Zylinder	2
Höchstgeschwindigkeit	17,4 km/h
Länge	3260 mm
Gewicht	2350 kg

22

Deutz F3M 317

Der F3M 317 war ein 50-PS-Traktor mit wassergekühltem Dreizylindermotor.

Der für damalige Zeiten sehr starke 50-PS-Traktor F3M 317 gehörte zu einer Modellfamilie, die als Stahlschlepper bekannt wurde. Er hatte die Aufgabe, gegen die Konkurrenzprodukte von Lanz und Hanomag bei den Großtraktoren anzutreten. Der Dreizylindermotor F3M 317 schluckte alles Mögliche vom billigsten Rohöl bis zu tropischen Pflanzenölen. Der Schlepper hatte eine gefederte Vorderachse, eine elektrische Anlage mit Anlasser, Lichtmaschine und Scheinwerfer. Riemenscheibe und Zapfwelle waren serienmäßig. Das gegen Aufpreis erhältliche Wetterdach war mit einem Scheibenwischer versehen.

▶ **Wussten Sie schon?**

Dieser Schlepper gehörte mit seinem hubraumstarken 50-PS-Motor zu den leistungsfähigsten Modellen seiner Zeit.

Das Nachfolgemodell von 1942 mit dem Motor FM 417 hatte die Fähigkeit, im höchsten Gang mit einer Anhängelast von 24 Tonnen bis zu 28 km/h schnell zu fahren. Die als Baureihe WK (Wasserkühlung) bezeichneten Stahlschlepper haben stark dazu beigetragen, das Image der Marke Deutz als Hersteller grundsolider, sparsamer und zuverlässiger Traktoren aufzubauen.

TECHNISCHE DATEN

Bauzeit	1935–1942
Motor	Deutz F3M 317
Getriebe	5V 1R
Leistung	50 PS
Hubraum	5768 ccm
Zylinder	3
Höchstgeschwindigkeit	27 km/h
Länge	3650 mm
Gewicht	3970 kg

23 Sendling AS 12

Die Motorenfabrik München-Sendling gehörte zu den frühesten Traktorpionieren in Deutschland. Wie der Name andeutet, war das Unternehmen im Münchner Stadtteil Sendling beheimatet. Einen Platz in der Schleppergeschichte hat die Firma, weil sie bereits 1909 mit dem Bau landwirtschaftlicher Zugmaschinen begann. Nach dem Ersten Weltkrieg stellten die Münchner gemeinsam mit Benz & Cie. Traktoren her. Nach dem Ende der Zusammenarbeit brachte München-Sendling eigene Modelle auf den Markt..

Mitte der 1930er-Jahre führte München-Sendling diesen 12 PS leistenden Schlepper ein.

TECHNISCHE DATEN	
Bauzeit	Ab 1935
Motor	MS D 12
Getriebe	4V 1R
Leistung	12 PS
Hubraum	1800 ccm
Zylinder	1
Höchstgeschwindigkeit	12,5 km/h
Länge	2600 mm
Gewicht	1200 kg

24 Lanz HR 8, D 9531

Automobilkotflügel, gefederte Vorderachse, elektrische Scheinwerfer und Anlasszündung, Auspuff nach hinten: Das war das „Eil-Bulldog"-Paket, das speziell auf den Einsatz im Transportdienst abgestimmt war. Gegen Aufpreis gab es so manches wichtige Utensil, wie Zwillingsreifen hinten, eine Riemenscheibe, eine Zapfwelle, eine Reifenfüllanlage, einen elektrischen Anlasser, einen drehbaren Suchscheinwerfer, ein wasserdichtes Dach mit Seiten- und Rückwänden oder ein Klappverdeck.

Die schicken Automobilkotflügel machten diesen „Cabrio"-Eil-Bulldog zu einer echten Schönheit.

TECHNISCHE DATEN	
Bauzeit	1934–1944
Motor	Lanz Glühkopfmotor
Getriebe	6V 2R
Leistung	45 PS
Hubraum	10338 ccm
Zylinder	1
Höchstgeschwindigkeit	25,2 km/h
Länge	3300 mm
Gewicht	3830 kg

25

John Deere Model B

Ein Jahr nach dem Model A bot John Deere den amerikanischen Farmern eine kleinere Version mit dem Namen Model B an, der 16 hp leistete. Dieses Modell sollte für Einsteiger in die Motorisierung oder als Zweitschlepper verwendet werden. 1939 (18,5 hp) und noch einmal 1947 (24-hp- oder 28-hp-Variante) wurde der Motor jeweils stark verbessert, so dass der späte B mehr PS als der frühe A hatte. Im Model B war ein Vierganggetriebe eingebaut, das später auf sechs Gänge erweitert wurde. Man konnte wählen zwischen einer Vorderachse mit zusammenliegenden Rädern – das war damals in den USA sehr gebräuchlich – oder einer mit verstellbarer Spurweite. Zur Standardausstattung gehörten Zapfwelle, Riemenscheibe und Kraftheber. Mit 306.000 verkauften Exemplaren ist der B einer der meistverkauften Traktoren überhaupt und das am häufigsten produzierte Modell von John Deere. Der Hersteller bot auch Versionen für Obstbau, Industrie und über 1.600 Raupenschlepper auf Basis des B an. Im Rahmen von Facelifts bekam der B ein neues Styling, einen elektrischen Anlasser und Beleuchtung.

TECHNISCHE DATEN

Bauzeit	1935–1952
Motor	John Deere Kerosin-Motor
Getriebe	4V 1R
Leistung	16 PS
Hubraum	2400 ccm
Zylinder	2
Höchstgeschwindigkeit	10 km/h
Länge	3061 mm
Gewicht	1485 kg

Das Modell B war der kleine Bruder des Typs A.

Der D 9506 war die Ackerluftversion der HR-8-Klasse. Das Verdeck gehörte nicht zur Serienausstattung.

26

Lanz HR 8, D 9506

Der HR 8 hatte einen gewaltigen 10,3-Liter-Motor, der jedoch, wie bei den Glühkopfmotoren von Lanz üblich, mit nur einem Zylinder auskommt. Bei seiner Vorstellung 1935 wurde die Motorleistung mit 38 PS angegeben. Dieser Wert bezog sich auf die Dauerleistung über eine Stunde. 1938 wurde die Leistung bei den technischen Angaben auf 45 PS erhöht, da nun wie bei den anderen Herstellern die Höchstleistung angegeben wurde. Wie die Endung 06 der D-Nummer besagt, handelte es sich bei diesem Modell um einen Ackerluft-Bulldog. Er hatte im Vergleich zur Basisversion D 9500 das bessere Sechsgang-Getriebe, die Ausrüstung für den Straßenverkehr mit gefederter Vorderachse und elektrischer Beleuchtung sowie natürlich serienmäßig die Luftbereifung. Die Arbeitswerte dieses Modells waren deshalb etwa 30 % höher als die des D 9500.

Gegen Aufpreis konnten für den HR 8 eine Druckluftbremsanlage von Knorr oder ein Allwetterverdeck geliefert werden.

▶ Wussten Sie schon?

Nach Kriegsende wurde der D 9506 wieder hergestellt, doch er erreichte nicht mehr die Verkaufszahlen der Vorkriegszeit.

TECHNISCHE DATEN

Bauzeit	1934–1944
Motor	Lanz Glühkopfmotor
Getriebe	6V 2R
Leistung	45 PS
Hubraum	10338 ccm
Zylinder	1
Höchstgeschwindigkeit	16,7 km/h
Länge	3455 mm
Gewicht	3800 kg

27

Ritscher Typ N

Ritschers erster Dreiradschlepper wurde zwei Jahre lang gebaut. Viele staunten über das Vorderrad.

Dieser ab 1936 hergestellte Schlepper adaptierte das Dreiradkonzept der US-amerikanischen Schlepperbauer John Deere und International Harvester. Der Einzylinder-Diesel leistete 12 PS. Er wurde mit Benzin gestartet und nach Erreichen der Betriebstemperatur auf Diesel umgestellt. Ungewöhnlich in Europa war auch die über der Motorhaube verlaufende Lenkstange. Während die Riemenscheibe im Kaufpreis enthalten war, wurde der Erwerb einer Zapfwelle gesondert berechnet.

TECHNISCHE DATEN	
Bauzeit	1936–1938
Motor	Deutz F1M 417
Getriebe	3V 1R
Leistung	12 PS
Hubraum	1115 ccm
Zylinder	1
Höchstgeschwindigkeit	12 km/h
Länge	2735 mm
Gewicht	1140 kg

28

Martin F 22

Martin kooperierte vor dem Krieg zwangsweise mit Fendt und Epple & Buxbaum.

Viele Firmen bauten ihren ersten Traktor im Jahr 1936. Das Ziel war, bei der staatlichen Zulassung zum Schlepperbau dabei zu sein. Auch das Maschinenbauunternehmen Otto Martin aus Ottobeuren beteiligte sich. Es baute einen Schlepper, dem der Zweizylinder-Motor F2M 315 von Deutz und ein Viergang-Getriebe von Opel einbaut wurden. Dieses Modell trug die Bezeichnung F 22. 1938 wurde das Modell mit einem neueren Deutz-Motor versehen und erhielt ein Prometheus-Getriebe.

TECHNISCHE DATEN	
Bauzeit	1936–1941
Motor	Deutz F2M 414
Getriebe	4V 1R
Leistung	22 PS
Hubraum	2198 ccm
Zylinder	2
Höchstgeschwindigkeit	15 km/h
Länge	k.A.
Gewicht	1520 kg

MIAG LD 20

MIAG gehört zu den vielen kleineren Schlepperbauern, die eigentlich in einer anderen Branche tätig waren.

Die Firma MIAG (Mühlenbau und Industrie AG) aus Frankfurt am Main war eines jener Unternehmen, die in der ersten Aufschwungsphase im Traktorbau mit einem eigenen Schlepper antraten, um sich bei den zu erwartenden Aufträgen einen guten Anteil zu sichern. Der LD 20 mit einem Motor von MWM wurde in drei Versionen mit verschiedenen Radständen angeboten. Er war in Rahmenbauweise gefertigt und hatte eine Blattfederung an der Vorderachse. Wie die meisten anderen Traktoren jener Jahre bot der LD 20 eine Leistung von 22 PS. Das entsprach den Anforderungen der Behörde. Der LD 20 wurde im Schell-Plan berücksichtigt und konnte bis 1941 weitergebaut werden. Seine Fertigung erfolgte in Ober-Ramstadt bei Darmstadt. Ungewöhnlich war seine kräftige gelbe Farbe, die man sonst eher von Baufahrzeugen kennt. MIAG experimentierte auch mit einem Elektroschlepper. Nach dem Krieg wurde der Traktorenbau schon Anfang der 1950er-Jahre aufgegeben.

Wussten Sie schon?

Interessant war für viele Kunden die Zentralschmierung, die das Fett zu allen Lagern brachte und damit Arbeit sparte.

TECHNISCHE DATEN

Bauzeit	1936–1941
Motor	MWM KD 15 Z
Getriebe	4V 1R
Leistung	22 PS
Hubraum	2120 ccm
Zylinder	2
Höchstgeschwindigkeit	14 km/h
Länge	k.A.
Gewicht	1800 kg

30 Ferguson-Brown Typ A

Der aus Irland stammende Erfinder Harry Ferguson baute 1933 einen Traktor, mit dem er die Funktionsfähigkeit seiner hydraulischen Dreipunktaufhängung demonstrieren wollte. Wegen seiner schwarzen Farbe wurde Fergusons Prototyp „der schwarze Traktor" genannt. Ferguson suchte einen Partner für die Serienproduktion des Traktors, den er schließlich mit dem Unternehmer David Brown gefunden zu haben glaubte. 1936 begann die Produktion des Traktors, der die Bezeichnung „Typ A" erhielt, im englischen Huddersfield. Der Motor stammte anfangs von Coventry Climax, und als dieses Unternehmen die Lieferung einstellte, übernahm David Brown die Motorfertigung in eigener Regie. Der Typ A wurde für 198 Pfund verkauft. Ein Fordson war jedoch schon für etwa 100 Pfund erhältlich. Die meisten britischen Landwirte entschieden sich lieber für das billigere Produkt. Dazu kamen die generell schwierige wirtschaftliche Situation und Unstimmigkeiten zwischen Ferguson und Brown, die zu einem Ende der Zusammenarbeit führten. Vom Typ A waren ungefähr 1.300 Exemplare hergestellt worden.

▶ **Wussten Sie schon?**
Harry Ferguson konstruierte selber Flugzeuge und unternahm 1909 als erste Person in Irland einen Flug.

TECHNISCHE DATEN	
Bauzeit	1936–1939
Motor	Coventry Climax L
Getriebe	5V 1R
Leistung	20 PS
Hubraum	2011 ccm
Zylinder	4
Höchstgeschwindigkeit	8 km/h
Länge	k.A.
Gewicht	850 kg

Fergusons Prototyp, „der schwarze Traktor", mit hydraulischer Dreipunktaufhängung und einem Pflug.

Hagedorn Westfalia Typ 18

31

Hagedorn hatte schon früh mit dem Bau von Bauernschleppern begonnen. Es begann in den zwanziger Jahren mit Grasmähern. Ab 1936 wurden Schlepper gebaut, die auf Rahmen gelegte Deutz-Motoren besaßen und zwischen 10 und 18 PS leisteten. Der größte war der Typ 18 mit 18 PS, die er aus einem Deutz-Einzylinder-Motor gewann.

TECHNISCHE DATEN	
Bauzeit	1936–1941
Motor	Deutz MAH 716
Getriebe	3V 1R
Leistung	18 PS
Hubraum	1808 ccm
Zylinder	1
Höchstgeschwindigkeit	15 km/h
Länge	k.A.
Gewicht	1600 kg

Hagedorn war ein bedeutender Landmaschinenproduzent, baute aber auch Traktoren.

Kramer K 18 – Allesschaffer

32

Kramer gehörte vor dem Krieg schon zu den großen Herstellern. Bis 1939 hatte das Unternehmen über 10.000 Traktoren verkauft. Merkmale waren: Rahmenbauweise, niedrige Bauweise und kleine Hinterräder. Der erste war der K 12. 1938 kam der K 18 hinzu, der zunächst 16, dann 20 PS aufwies. Als Antrieb stand der großvolumige Güldner-Einzylinder-Motor GW 20 zur Verfügung. Dank seiner Luftbereifung und der Höchstgeschwindigkeit von 16 km/h konnte er als Zugfahrzeug eingesetzt werden.

TECHNISCHE DATEN	
Bauzeit	1936–1949
Motor	Güldner GW 20
Getriebe	4V 1R
Leistung	20 PS
Hubraum	3278 ccm
Zylinder	1
Höchstgeschwindigkeit	16 km/h
Länge	2820 mm
Gewicht	1650 kg

Der „Allesschaffer" oder „kleine Kramer" war bereits vor dem Krieg ein großer Verkaufserfolg.

Der Deutz F1M 414 war vor dem Zweiten Weltkrieg das meistgebaute Traktormodell Deutschlands.

33

Deutz F1M 414

Der Kölner Firma Deutz gelang mit dem „Elfer" (von den Bauern so bezeichnet wegen seiner PS-Leistung) oder „Bauern-Deutz" einer der berühmtesten deutschen Traktoren überhaupt. Da mit diesem Modell erstmals für kleinere Höfe ein Schlepper erschwinglich wurde, griffen über 10.000 Landwirte zu und machten den Einzylinder-Schlepper F1M 414 zum meistgekauften Traktormodell in Deutschland. Deutz hatte seinen Bauernschlepper serienmäßig mit einem Dreiganggetriebe, einer Riemenscheibe und einem Mähwerksantrieb ausgestattet. Eine Zapfwelle mit 540 U/min, einen fast schon unverzichtbaren Mähbalken und eine elektrische Lichtanlage musste man sich gegen Aufpreis dazubestellen. Trotz der einfachen Bauart musste der Besitzer eines Elfers nicht auf jede technische Feinheit verzichten. So war die Vorderachse pendelnd gelagert, was besonders bei welligem Untergrund die Fahreigenschaften verbesserte. Die Spurweite war verstellbar. Nach dem Zweiten Weltkrieg wurde die Produktion des F1M 414 wieder aufgenommen, ab 1947 wurde eine modernisierte Version angeboten.

TECHNISCHE DATEN	
Bauzeit	1936–1942
Motor	Deutz F1M 414
Getriebe	3V 1R
Leistung	11 PS
Hubraum	1100 ccm
Zylinder	1
Höchstgeschwindigkeit	7,7 km/h
Länge	2280 mm
Gewicht	1180 kg

Hanomag RL 20

34

Als das Rennen um den leichten Bauernschlepper 1936 begann, überlegte man bei Hanomag, wie man einen Schlepper besonders günstig bauen und anbieten könnte. Die Lösung lag in der Verwendung von Bauteilen, die bereits bei anderen Produkten Verwendung fanden. Der 20 PS starke kompakte Vierzylinder-Motor stammte aus dem Hanomag Rekord Diesel Typ D 19 A. Während die Drehzahl beim Auto bis zu 3.500 U/min erreichte, begnügte sich der RL 20 mit gerade mal 2.000 U/min. Motorhaube, Kotflügel mit Trittbrett und gleich große Räder machten einen ungewöhnlichen Eindruck. Dieses Design kannte man nur in Anklängen bei den Verkehrsschleppern oder den Eil-Bulldogs von Lanz. Zur Serienausstattung gehörten unter anderem: elektrischer Anlasser und Lichtmaschine von Bosch, Boschhorn, Ölmanometer, Kilometerzähler, Tankuhr und hydraulische Vierradbremsen. Der Erfolg dieses Modells war recht gut. Mit optionalem Schnellgang konnte eine stilechte sonntägliche Fahrt zur Kirche mit 24 km/h absolviert werden.

▶ Wussten Sie schon?

Aus der Not geboren, war der RL 20 dank der Verwendung vieler Pkw-Teile günstig und effizient zu produzieren.

TECHNISCHE DATEN

Bauzeit	1937–1941
Motor	Hanomag D 19
Getriebe	4V 1R
Leistung	19,8 PS
Hubraum	1910 ccm
Zylinder	4
Höchstgeschwindigkeit	24 km/h
Länge	3010 mm
Gewicht	1615 kg

Wenn man den Bauernschlepper RL 20 sieht, meint man eher, man habe ein Cabrio vor sich.

35

Eicher 20 PS

Dieses Modell war der erste Eicher-Traktor, wenn man die vorangehenden Prototypen der Brüder Albert und Josef Eicher nicht berücksichtigen will. Die Brüder bauten ihren 20-PS-Schlepper in kleiner Stückzahl zwischen 1936 und 1938. Als Motor wurde der wassergekühlte Zweizylinder F2M 313 der Firma Deutz verwendet. Dieses Aggregat haben die Kölner selbst nie für einen eigenen Traktor verwendet, es wurde aber von vielen Schlepperbauern gerne gekauft. Das Vierganggetriebe stammte von Prometheus. Das Modell 20 PS hatte zwei Besonderheiten, die es von anderen Schleppern unterscheiden. Zum einen war anstelle eines Fahrersitzes eine breite Bank eingebaut, auf der zwei Personen Platz fanden, zum anderen hatte dieser Traktor vier gleich große Räder. Die Vorderachse war pendelnd aufgehängt, was dem 20 PS im Gelände zugute kam.

TECHNISCHE DATEN

Bauzeit	1937–1938
Motor	Deutz F2M 313
Getriebe	4V 1R
Leistung	20 PS
Hubraum	2041 ccm
Zylinder	2
Höchstgeschwindigkeit	16 km/h
Länge	2730 mm
Gewicht	1800 kg

Mit diesem Modell stellte Eicher seinen ersten richtigen Traktor vor. Der Erfolg war nur regional.

Fendt Dieselross F 18

Die in der kleinen allgäuer Stadt Marktoberdorf beheimatete Traktorschmiede Fendt brachte 1937 ein neues Modell auf den Markt. Es handelt sich um das 16 PS starke Dieselross F 18. Angetrieben wurde der Schlepper von einem einzylindrigen Dieselmotor von Deutz. Es waren vor allem mittelgroße landwirtschaftliche Betriebe, die als Zielgruppe für dieses Fahrzeug gesehen wurden. Der Kaufpreis lag bei 3.800 Reichsmark. Der F 18 war das erste Fendt-Modell, das an den Hinterrädern mit Kotflügeln ausgestattet war. Die Räder waren im Vergleich zu den Vorgängermodellen zudem größer dimensioniert. Die Vorderräder befanden sich an einer auf Kugellagern laufenden Schwingachse, die eine verbesserte Anpassung an Bodenunebenheiten ermöglichte. Auf der rechten Seite war der Anbau eines Mähwerks möglich. Eine Verbesserung im Vergleich zu den Vorgängermodellen bot auch das von der Zahnradfabrik Friedrichshafen gelieferte Getriebe, das nun vier Vorwärts- und einen Rückwärtsgang bot. Fendt führte 1949 das Nachfolgermodell F 18 H ein.

▶ Wussten Sie schon?

Das Dieselross konnte außer mit Gummirädern auch mit Greif- und anderen Rädern ausgestattet werden.

TECHNISCHE DATEN	
Bauzeit	1937–1942
Motor	Deutz MAH 716
Getriebe	4V 1R
Leistung	16 PS
Hubraum	1797 ccm
Zylinder	1
Höchstgeschwindigkeit	15 km/h
Länge	2600 mm
Gewicht	1500 kg

Der Motor des F 18 wurde noch von einer Verdampfungskühlung vor dem Überhitzen bewahrt.

37 Normag NG 22

Der NG 22 war der erste Traktor aus dem Hause Normag. 1937 war sein erstes Baujahr.

Die Nordhäuser Maschinenbau GmbH (ab 1937: Normag GmbH) aus dem Harz begann als Hersteller von Bergbaumaschinen. 1930 wurde die Herstellung landwirtschaftlicher Maschinen in das Programm aufgenommen. Der erste Dieseltraktor war der in Blockbauweise gefertigte NG 22 mit einem Zweizylinder-Motor von MWM, der eine Leistung von 22 PS erbrachte. Normag baute diesen Traktor, weil der Staat die Motorisierung der Landwirtschaft massiv zu fördern begann.

Wussten Sie schon?
Die Pendelschwingvorderachse war eine sehr wichtige Einrichtung. Viele andere Hersteller bauten das nach.

Der NG 22 bot einige interessante technische Besonderheiten. Dazu gehören die gefederte Pendelschwingvorderachse, eine bewegliche Anhängevorrichtung und die breite Sitzbank, auf der auch ein Beifahrer mit unterwegs sein konnte. Elektrische Beleuchtung, Riemenscheibe und Zapfwelle gehörten zum Standard. Optional waren ein Mähbalken und sogar noch ein Fahrerhaus erhältlich. Der NG 22 konnte innerhalb eines Jahres mehr als tausendmal verkauft werden.

TECHNISCHE DATEN

Bauzeit	1937–1942
Motor	MWM KD 12 Z
Getriebe	4V 1R
Leistung	22 PS
Hubraum	1700 ccm
Zylinder	2
Höchstgeschwindigkeit	20 km/h
Länge	2300 mm
Gewicht	1830 kg

Beilhack-Bulldog

38

Zu den Traktor-Modellen, die nie in Serienfertigung gingen, gehört der Bulldog der Rosenheimer Firma Beilhack. 1937 machte man sich bei der Martin Beilhack Maschinenfabrik und Hammerwerk GmbH daran einen Schlepper zu entwickeln, der auf die Bedürfnisse der kleinen bäuerlichen Betriebe ausgerichtet war. Er besaß eine Zapfwelle, eine Riemenscheibe und einen Mähbalken. Allerdings verhinderte die dirigistische Wirtschaftspolitik des Nazi-Regimes die Serienproduktion.

Der Beilhack-Bulldog war mit dem ausgestattet, was der kleine Landwirt benötigte.

TECHNISCHE DATEN	
Bauzeit	1938
Motor	Deutz MAH 816
Getriebe	3V/1R
Leistung	16 PS
Hubraum	1808 ccm
Zylinder	1
Höchstgeschwindigkeit	k.A.
Länge	k.A.
Gewicht	1530 kg

Eicher 22 PS

39

Das zweite Eicher-Modell kam 1938 auf den Markt. Dieser 22-PS-Schlepper war bis in die Nachkriegszeit hinein das Aushängeschild von Eicher. Motor war der F2M 414 von Deutz. Dieses Aggregat war bei vielen Schlepperbauern jener Zeit sehr beliebt. Das Viergang getriebe stammte von Prometheus. Bei diesem Modell handelte es sich um den ersten Eicher-Schlepper, der in Blockbauweise gefertigt wurde. Eicher durfte diesen Traktor im Schell-Plan weiterbauen.

Anders als sein Vorgänger hatte der 22 PS keine Bank mehr, sondern einen Fahrersitz.

TECHNISCHE DATEN	
Bauzeit	1938–1942
Motor	Deutz F2M 414
Getriebe	4V/1R
Leistung	22 PS
Hubraum	2198 ccm
Zylinder	2
Höchstgeschwindigkeit	15 km/h
Länge	2730 mm
Gewicht	1900 kg

40 MAN AS 250

Der erste Dieselschlepper von MAN war ein 50-PS-Riese mit vielseitigen Ausrüstungsmöglichkeiten.

Ende der 1930er-Jahre stieg MAN wieder in den Bau landwirtschaftlicher Zugmaschinen ein. 1938 wurde der Dieselschlepper AS 250 mit 50 PS vorgestellt. MAN verwendete den Motor des Dreitonner-Lastwagens. Dieser arbeitete nach einem patentierten Kugelbrennraumverfahren. Die Ausstattung war wegweisend. So war die Schwingvorderachse doppelt gefedert, außerdem erhältlich waren Riemenscheibe, Mähantrieb und Zapfwelle, Beleuchtungseinrichtung, Kotflügel und Windschutzscheibe.

TECHNISCHE DATEN

Bauzeit	1938–1944
Motor	D 0534 GS
Getriebe	5V 1R
Leistung	50 PS
Hubraum	4504 ccm
Zylinder	4
Höchstgeschwindigkeit	20 km/h
Länge	k.A.
Gewicht	3700 kg

41 Lanz HN 5, D 3506

Kleine oder vor allem mittlere bäuerliche Betriebe sollte der D 3506 ansprechen.

In den späten dreißiger Jahren begann man bei Lanz nicht nur die großen landwirtschaftlichen Betriebe als Zielgruppe zu sehen. Aus diesem Grund startete man 1937 in Mannheim die HN-5-Reihe mit den sogenannten „Bauern-Bulldogs“. Der mit Eisenrädern ausgestattete HN 5 bekam die Bezeichnung D 3500. Im folgenden Jahr kam die Version D 3506 mit Ackerlufträdern auf den Markt. Er wurde als „Bauern-Ackerluft-Bulldog“ bezeichnet.

TECHNISCHE DATEN

Bauzeit	1938–1942
Motor	Lanz Glühkopfmotor
Getriebe	6V 2R
Leistung	20 PS
Hubraum	4767 ccm
Zylinder	1
Höchstgeschwindigkeit	18,5 km/h
Länge	2540 mm
Gewicht	2140 kg

Porsche Typ 110

42

Porsche hatte von Hitler den Auftrag zur Konstruktion eines „Volksschleppers“ bekommen. 1937 machte sich das Konstruktionsbüro Porsche an die Arbeit. Ziel war ein Schlepper mit den folgenden Eigenschaften: „Billig in der Anschaffung und im Betrieb, universelle Einsatzmöglichkeiten, einfache Bedienung“.

Der erste Entwurf war ein Kleinschlepper mit einem luftgekühlten Zweizylinder-Vergasermotor, der eine Leistung von 12 PS abgab und am Heck des Fahrzeugs angebracht war. Die Zylinder waren V-förmig angeordnet. Das Zahnradschubgetriebe war mit drei Vorwärtsgängen und einem Rückwärtsgang noch relativ grob abgestimmt. An einem Leiterrahmen waren die beiden Achsen befestigt. Die Räder bekamen Ackerluftbereifung. Für den Fahrer war ein Sitzplatz vor dem Motor vorgesehen. Zu einer Serienfertigung gelangte dieses Modell jedoch nie. Unter den Modifikationen befand sich auch der wahrscheinlich erste Geräteträger der Welt.

▶ Wussten Sie schon?

Der Beginn der Konstruktionsarbeit am Schlepper des Typs 110 lässt sich exakt datieren auf den 24. November 1937.

TECHNISCHE DATEN

Bauzeit	1938
Motor	4-Takt-Otto-V-Motor
Getriebe	3V 1R
Leistung	12 PS
Hubraum	1500 ccm
Zylinder	2
Höchstgeschwindigkeit	k.A.
Länge	2635 mm
Gewicht	k.A.

Anders als bei den üblichen Traktormodellen weltweit war der Motor nicht über der Vorderachse montiert, sondern er ruhte am Heck des Gefährts auf dem Rahmen. Es wurden nur Prototypen gebaut.

43 Porsche Typ 111

Mit der Bezeichnung Typ 111 von Porsche wurde 1939/40 ein Modell entwickelt, das auf den Erkenntnissen der Tests von Typ 110 aufbaute. Anstelle des Leiterrahmens wurde ein stabilerer Zentralrohrrahmen verwendet. Das machte den Aufbau des Fahrzeugs schmaler und bot eine bessere Sicht auf den Zwischenachsbereich. Die Grundausstattung sollte aus Riemenscheibe, Mähantrieb und einer Anhängevorrichtung bestehen, eine Zapfwelle auf Wunsch eingebaut werden. Der Motor lag nun konventionell vor dem Fahrersitz. Es war geplant, ihn für drei verschiedene Betriebsstoffe anzubieten: Benzin, Diesel und Gas. Auch für den Dieselmotor war eine Luftkühlung mit Gebläse vorgesehen. Das Getriebe hatte drei Vorwärtsgänge und einen Rückwärtsgang, die Leistung sollte 12 PS betragen.

Wussten Sie schon?
Bei der Motorisierung sollte man zwischen Benzin, Diesel oder Gas wählen können.

TECHNISCHE DATEN

Bauzeit	1939
Motor	4-Takt-Otto-, Diesel- oder Gasmotor
Getriebe	3V 1R
Leistung	12 PS
Hubraum	1500 ccm
Zylinder	2
Höchstgeschwindigkeit	k.A.
Länge	2690 mm
Gewicht	k.A.

Beim Typ 111 war der Motor wieder vor dem Fahrer angeordnet. Ebenfalls eine entscheidende Änderung war der Zentralrohrrahmen.

Wagner WSD 22 PS

Das Kürzel WSD stand für Wagner Sachsen-Diesel. Der WSD 22 PS war das größere der beiden Modelle.

In den 1920er-Jahren begann die Firma Wagner aus Kirschau in Sachsen mit der Fertigung von Getrieben. Da lag es nahe, auch einen eigenen Traktor zu bauen. 1937 wurden ein Modell mit 10 PS und eines mit 22 PS vorgestellt. Wie viele andere 22-PS-Schlepper dieser Jahre hatte auch der WSD 22 den wassergekühlten Zweizylindermotor F2M 414 von Deutz bekommen. Das Viergang-Getriebe stammte von Prometheus, wurde aber wohl von Wagner selbst gefertigt. Damit entsprach er in seiner Konstruktion dem Standardschlepper dieser Zeit und wurde im Schell-Plan berücksichtigt. Im Zweiten Weltkrieg wurde das Unternehmen voll in die Rüstung eingebunden und musste die Herstellung von Traktoren aufgeben. Nach dem Krieg ging die Firma als Getriebewerk Kirschau im Kombinat Fortschritt auf, dem größten Hersteller von Landmaschinen der DDR.

TECHNISCHE DATEN	
Bauzeit	1939
Motor	Deutz F2M 414
Getriebe	4V 1R
Leistung	22 PS
Hubraum	2198 ccm
Zylinder	2
Höchstgeschwindigkeit	k.A.
Länge	k.A.
Gewicht	1466 kg

45 Ritscher R 50

Der R 50 ist ein Einzelstück geblieben, weil die Rüstungsproduktion Vorrang hatte.

Ritscher hatte seine ersten Schlepper ausnahmslos mit Raupenantrieb gebaut. 1942 setzte der R 50 diese Tradition fort. Er wurde in einem Prototyp angefertigt. Der Deutz-Motor leistete 50 PS. Eine Sitzbank bot zwei Personen Platz. Weil die Kriegslage Ritscher völlig mit Rüstungsaufträgen vereinnahmte, musste eine Serienfertigung des R 50 unterbleiben. Ritscher fertigte nach dem Krieg keine Kettenfahrzeuge mehr, so dass der R 50 der letzte gebaute Raupenschlepper der Firma Ritscher blieb.

TECHNISCHE DATEN	
Bauzeit	1942
Motor	Deutz F3M 414
Getriebe	3V 1R
Leistung	50 PS
Hubraum	5768 ccm
Zylinder	3
Höchstgeschwindigkeit	k.A.
Länge	k.A.
Gewicht	k.A.

46 Hanomag R 40

Der R 40 war besonders in der Version als Straßenschlepper mit Fahrerkabine ein riesiger Erfolg.

Das herausragende Hanomag-Modell der frühen Kriegsjahre und nach dem erzwungenen Stillstand in der Nachkriegszeit war der R 40 mit 40 PS. Dieses beeindruckende Fahrzeug gab es in verschiedenen Bauvarianten. Motorisiert war der R 40 mit dem ersten Dieselmotor von Hanomag, dem schweren, aber zuverlässigen D 52. Er kam bei mehreren Vorläufern bereits seit 1931 zum Einsatz. Nach dem Krieg wurde dieser Schlepper bereits ab 1945 bis 1951 weitergebaut.

TECHNISCHE DATEN	
Bauzeit	1942–1951
Motor	Hanomag D 52
Getriebe	5V 1R
Leistung	40 PS
Hubraum	5195 ccm
Zylinder	4
Höchstgeschwindigkeit	18,7 km/h
Länge	3535 mm
Gewicht	3265 kg

47

Eicher 22/I

Eicher hatte zwischen 1938 und 1942 einen 22-PS-Schlepper gebaut. Bereits 1945 wurde nach einer Zwangspause wieder ein Schlepper dieser Klasse gefertigt. Er wurde jedoch etwas modifiziert. Der veränderte 22/I war ein wenig kompakter und leichter, hatte wieder den Deutz-Motor F2M 414, allerdings ein Getriebe von ZF. Ein paar vorrätige Getriebe von Prometheus wurden allerdings noch verwendet. Es gibt aber auch Exemplare mit einem Hatz-Motor.

TECHNISCHE DATEN	
Bauzeit	1945–1950
Motor	Deutz F2M 414
Getriebe	4V 1R
Leistung	22 PS
Hubraum	2198 ccm
Zylinder	2
Höchstgeschwindigkeit	15 km/h
Länge	2600 mm
Gewicht	1780 kg

Der hier gezeigte Eicher 22/I wurde 1949 gebaut. Er ist ein veränderter Nachbau eines Vorkriegsmodells.

48

Lanz HN 3, D 7506

Nach dem Zweiten Weltkrieg ging es bei Lanz zunächst darum, die Vorkriegsproduktion wieder zu beleben. Eines der ersten Modelle war der D 7506, der sich bereits von 1937 bis 1942 im Programm befunden hatte. 1945 war es nur ein Exemplar, aber im folgenden Jahr waren es schon 300 und im Jahr darauf 600 Exemplare, die fertig gestellt wurden. Neben der Ackerluft-Version wurde auch eine Allzweck-Ausführung des D 7506 eingeführt.

TECHNISCHE DATEN	
Bauzeit	1945–1952
Motor	Lanz Glühkopfmotor
Getriebe	6V 2R
Leistung	25 PS
Hubraum	4767 ccm
Zylinder	1
Höchstgeschwindigkeit	25 km/h
Länge	3050 mm
Gewicht	2150 kg

Der D 7506 entwickelte sich schnell zum Verkaufsschlager. 1948 wurden 3.770 Exemplare gebaut.

Der Traktorboom

Die Nachkriegszeit und die Ära des Wirtschaftswunders

Nach Kriegsende wurde, sobald die Bedingungen gegeben waren, wieder mit der Traktoren-Produktion begonnen. Das Naheliegendste war es, die Baureihen aus der Vorkriegszeit neu aufzulegen. So brachte KHD seinen Elfer-Deutz wieder auf den Markt und konnte damit an die Erfolge früherer Zeiten anknüpfen. Aber auch an die Entwicklung neuer Modelle wurde gedacht. Schon zu Kriegsende wurde bei MAN mit der Planung eines Allradschleppers begonnen. Die Traktoren waren eine echte Innovation, den meisten aber zu teuer.

Mit der Währungsreform 1948 gab es wieder ein sicheres Zahlungsmittel und damit eine starke wirtschaftliche Belebung. Die Bänder der Traktorhersteller begannen wieder zu laufen. In diesen Jahren drängten viele neue Anbieter auf den Markt, wie Alpenland, Primus, Röhr und Stihl, um nur einige zu nennen. Anfang der fünfziger Jahre gab es in Deutschland ungefähr fünfzig Traktorhersteller. Aber eine Großzahl dieser Firmen erlangte nur regionale Bedeutung. Die Kleinstproduzenten schossen wie Pilze aus dem Boden und verschwanden ebenso schnell wieder.

Ebenfalls 1948 schrieb die Firma Eicher in Forstern Traktorengeschichte. Eicher begann mit der Produktion des ersten serienmäßig hergestellten Traktors mit luftgekühltem Dieselmotor, dem ED 16. Andere Unternehmen zogen bald nach. Die Luftkühlung trat in den fünfziger Jahren bei fast allen deutschen Traktorherstellern ihren Siegeszug an. Die Vorteile dieser Motoren lagen in der einfacheren Bauweise. Zudem konnten Reparaturen leichter durchgeführt werden. Aber diese Motoren hatten auch einen Nachteil: Sie waren lauter.

Die fünfziger Jahre waren die Zeit des Wirtschaftswunders, nicht nur in der Industrie, auch in der Landwirtschaft. Die Mechanisierung und Motorisierung der bäuerlichen Betriebe machte rasante Fortschritte. Waren es in der Vorkriegszeit vor allem große und zahlungskräftige mittlere landwirtschaftliche Betriebe gewesen, die sich einen Traktor leisten konnten, so konnten nun auch kleinere Höfe die tierische und menschliche Arbeitskraft durch Maschinen ersetzen.

Hanomag war lange Jahre einer der renommiertesten Hersteller von Traktoren. Dieser R 19 stammt aus der Zeit des Schlepperbooms.

Mit den kleinen Einzylinderschleppern wurden nun auch diese kleineren bäuerlichen Betriebe zum Kauf eines Traktors gebracht. Gerade diese Modelle waren für den Verkaufserfolg vieler Hersteller verantwortlich. Verglichen mit

Der Pionier S von Kramer war einer jener typischen Einzylinderschlepper, die den großen Verkaufserfolg vieler Firmen in jenen Jahren prägten.

heutigen Schleppern hatten sie nicht viel zu bieten, aber sie waren genau das richtige Arbeitsinstrument in den damaligen Jahren als Ersatz für die Zugtiere. Eine weitere Verbesserung boten die Tragschlepper und Geräteträger, mit denen man mehrere Arbeitsschritte gleichzeitig ausführen konnte, zum Beispiel säen und eggen.

In den späteren Jahren des Wirtschaftswunders konnte man einen Trend zu größeren Modellen feststellen, die um die 30 PS leisteten. Sie waren in der Lage, auch mit angehängten Mähdreschern zu arbeiten und hatten ein deutlich größeres Einsatzspektrum. Das lag auch an neuen Techniken am Traktor, wie der Zapfwelle, der Hydraulik oder der Dreipunktaufhängung. Langsam war der Markt gesättigt und die Hersteller mussten sich Gedanken machen, wie sie neue Kunden gewinnen konnten.

Tragschlepper wie dieser Bautz 300 T boten die Möglichkeit, mehrere Arbeiten zugleich ausführen zu können.

Optisch erinnert der Z1 sehr stark an einen Traktor der Firma Deutz.

49

Zettelmeyer Z1

Dieser Z1 beruhte auf einer Konstruktion, die schon kurz vor dem Zweiten Weltkrieg in der Zeit des ersten kleinen Traktorbooms umgesetzt worden war. Wie viele andere Maschinenbauunternehmen begann auch Zettelmeyer nach dem Krieg damit, die Produktion von Schleppern (wieder) aufzunehmen. Als Motor wurde der Deutz F2M 414 herangezogen, den bereits der alte Z1 und viele der Modelle aus der Schell-Plan-Zeit verwendet hatten. Dieser wassergekühlte Zweizylinder leistete ursprünglich 22 PS. Später konnten sogar 25 PS herausgeholt werden.

▶ Wussten Sie schon?

Der Z1 war ein interessanter Schlepper, doch mangels großer Stückzahlen blieben ihm größere Erfolge versagt.

Das Viergang-Getriebe stellte Zettelmeyer selbst her. Der Z1 wurde mehrfach überarbeitet, es gibt zwei Phasen vor dem Krieg und zwei danach. Der Schlepper bot interessantes Zubehör wie eine Seilwinde oder ein elektrisches Ausrüstungspaket. Dennoch gelang es nicht, sich gegen die Konkurrenz der großen Marken zu behaupten. 1955 stellte Zettelmeyer die Produktion von Traktoren ein und stellte nur noch Baumaschinen her.

TECHNISCHE DATEN

Bauzeit	1946–1955
Motor	Deutz F2M 414
Getriebe	4V 1R
Leistung	22 PS
Hubraum	2198 ccm
Zylinder	2
Höchstgeschwindigkeit	18 km/h
Länge	2655 mm
Gewicht	1715 kg

Ritscher 320

Mit seinem Typ N, der in seiner ersten Version 1936 12 PS hatte und 1938 auf 14 PS verbessert wurde, hatte Ritscher seine Riege der Dreigangschlepper gestartet. 1939 wurde der N 20 vorgestellt, der nicht mehr den Motor von Kämper verwendete, sondern den Deutz-Motor F2M 414 bekam. Auf Grundlage dieses Modells entwickelte Ritscher seine Kettenschlepper weiter. Der 320 aus dem Jahr 1940 hatte denselben Motor wie der N 20, allerdings war er mit einem Viergang-Getriebe ausgestattet. Nach dem Krieg nahm Ritscher die Fertigung des 320 wieder auf, nun allerdings mit einem Aggregat von MWM ausgestattet, dem KD 215 Z. Die Bauzeit beschränkte sich auf 1948 und 1949.

TECHNISCHE DATEN

Bauzeit	1946–1947
Motor	MWM KD 215 Z
Getriebe	4V 1R
Leistung	20 PS
Hubraum	2199 ccm
Zylinder	2
Höchstgeschwindigkeit	20 km/h
Länge	2960 mm
Gewicht	1440 kg

Während diese Bauart in Europa kaum anzutreffen war, hatten die Dreiradschlepper in den USA einen bedeutenden Anteil an der Schlepperproduktion.

51 Ferguson TE-20

Harry Ferguson gehört zu den bedeutendsten Persönlichkeiten der Traktorgeschichte. Alleine die Erfindung der Dreipunktaufhängung, die heute praktisch bei allen Schleppern zum Anbau von Maschinen benutzt wird, hätte gereicht, um ihn berühmt zu machen. Aber Ferguson war auch als Unternehmer tätig. Nach seiner geplatzten Zusammenarbeit mit David Brown in England und Ford in Amerika begann er im englischen Coventry mit der Produktion eines eigenen Traktors, der als der „kleine graue Fergie" bekannt wurde. Die richtige Bezeichnung war TE-20. Angetrieben wurde der Schlepper von einem 26 PS starken Vierzylinder-Benzinmotor. In anderen europäischen Ländern hatte sich jedoch der Dieselmotor durchgesetzt, und die Kunden verlangten auch ein solches Antriebsaggregat. Als TE-F-20 wurde der Fergie deshalb ab 1951 auch mit einem 28 PS leistenden Dieselmotor vertrieben. Der Ferguson-Traktor war ein Verkaufsschlager. Über 170.000 Exemplare des grauen Schleppers wurden verkauft.

▶ Wussten Sie schon?
1957 unternahm der berühmte Bergsteiger Edmund Hillary mit mehreren TE-20 eine Expedition zum Südpol.

TECHNISCHE DATEN

Bauzeit	1946–1956
Motor	Standard Benzin- oder Dieselmotor
Getriebe	4V 1R
Leistung	28 PS
Hubraum	2093 ccm
Zylinder	4
Höchstgeschwindigkeit	21 km/h
Länge	2920 mm
Gewicht	1225 kg

In Deutschland war er seltener anzutreffen, aber weltweit war der TE-20 einer der meistverkauften Schlepper.

Hanomag R 25 B

52

1949 führte Hanomag mit dem Modell R 25 die erste Neuentwicklung nach dem Zweiten Weltkrieg ein. Der Schlepper wurde in der Version A als Hackfruchtausführung und in der Variante B als Standardversion angeboten. Der R 25 basierte auf einer Halbrahmenkonstruktion, was seine Vorteile zeigte, als sich schon kurz nach der Einführung der Motor als zu schwach erwies und Hanomag einen Austauschmotor anbot. Mit dem neuen Antriebsaggregat waren die angestrebten 25 PS Leistung problemlos zu erreichen.

TECHNISCHE DATEN

Bauzeit	1949–1950
Motor	Hanomag D 19
Getriebe	5V 1R
Leistung	20/25 PS
Hubraum	1911 ccm
Zylinder	4
Höchstgeschwindigkeit	18,3 km/h
Länge	2830 mm
Gewicht	1635 kg

Die Halbrahmenbauweise des Hanomag R 25 erleichterte den Austausch des Motors.

Wahl W 46

53

Die Maschinenfabrik Karl F. Wahl in Balingen, in Baden-Württemberg, hatte bereits 1935 den ersten eigenen Schlepper entwickelt. 1947 wurde die durch den Zweiten Weltkrieg unterbrochene Traktorherstellung mit dem Modell W 46 wieder aufgenommen. Zur Ausstattung gehörten eine Riemenscheibe und eine Zapfwelle. 1962 stellte Wahl die Schlepperproduktion wieder ein.

TECHNISCHE DATEN

Bauzeit	1947–1950
Motor	MWM KD 12 Z
Getriebe	5V 1R
Leistung	24 PS
Hubraum	1700 ccm
Zylinder	2
Höchstgeschwindigkeit	18 km/h
Länge	2550 mm
Gewicht	1485 kg

Die Wahl-Traktoren wurden manchmal mit einem Schutzgitter für Forstarbeiten eingesetzt.

54 Steyr Typ 180

Mit der Schlepperlegende Typ 180 gelang Steyr 1947 ein sensationeller Einstieg in den Traktorbau.

Der Motor der 13er-Serie war ein Zweizylinder-Diesel mit 26 PS, der nach dem Vorkammerverfahren arbeitete. Ab 1950 wurde die Drehzahl erhöht und er erzielte 30 PS. Die Hinterräder hatten eine Differenzialsperre, was damals noch nicht allgemein üblich war. Außerdem verfügte der Typ 180 bereits über eine Lenkbremse, Riemenscheibe und Zapfwelle. Wegen seines kurzen Radstands und seiner kurzen, breiten, geschlossenen Motorhaube wurde er als „Kurzhauber" bezeichnet.

TECHNISCHE DATEN	
Bauzeit	1947–1953
Motor	Steyr WD 213
Getriebe	5V 1R
Leistung	26 PS
Hubraum	2661 ccm
Zylinder	2
Höchstgeschwindigkeit	26 km/h
Länge	2820 mm
Gewicht	1800 kg

55 Ursus 45

Der Ursus 45 arbeitete vor allem in Osteuropa. Nur wenige Exemplare gelangten in den Westen.

Der Ursus 45 ist einer der erfolgreichsten Lanz-Nachbauten. Die Ursus-Werke in Warschau waren bereits seit Anfang des zwanzigsten Jahrhunderts mit der Produktion von Motoren beschäftigt. Später wurde auch der Titan von IHC auf Lizenz hergestellt. Nach dem Zweiten Weltkrieg begann man den Lanz D 9506 nachzubauen. Das Modell Ursus 45 entsprach fast vollständig dem Vorbild, nur einige Einzelteile waren von dem polnischen Hersteller selbst entwickelt worden.

TECHNISCHE DATEN	
Bauzeit	1947–1955
Motor	Zweitakt-Glühkopfmotor
Getriebe	6V 2R
Leistung	45 PS
Hubraum	10338 ccm
Zylinder	1
Höchstgeschwindigkeit	17 km/h
Länge	3390 mm
Gewicht	3500 kg

Allgaier R 22

Mit dem Modell R 18 gelang der württembergischen Firma Allgaier, die heute ein bekannter Automobilzulieferer ist, nach dem Zweiten Weltkrieg der Start einer kurzen, aber ungewöhnlich erfolgreichen Geschichte im Traktorbau. Einer der Gründe dafür war der Umstand, dass Erwin Allgaier, einer der Söhne des Firmengründers, mit der Tochter des Motorenbauers Kaelble verheiratet war. Aus diesen privaten Beziehungen heraus kam es zur Kooperation bei der Entwicklung des R 18 mit dem Kaelble-Ingenieur Strohhäcker.

1949 führte Allgaier mit dem R 22 eine zwei PS stärkere Version des R 18 ein. Abgesehen von der Leistungssteigerung gab es nur leichte Änderungen hinsichtlich der Ausstattung. Dazu gehörten eine größere Hinterradbereifung und eine modifizierte Vorderachsaufhängung. Als Folge davon verfügte der R 22 über eine größere Bodenfreiheit von 350 Millimetern. Ab Sommer 1950 war der Schlepper mit einer Motorhaube erhältlich. Aus dieser Variante wurde das Nachfolgemodell A 22.

▶ Wussten Sie schon?
Neben den wassergekühlten A-Modellen baute Allgaier später auch die AP-Typen nach Plänen von Porsche.

TECHNISCHE DATEN

Bauzeit	1949–1952
Motor	Kaelble R 18
Getriebe	4V 1R
Leistung	22 PS
Hubraum	1840 ccm
Zylinder	1
Höchstgeschwindigkeit	19,8 km/h
Länge	2600 mm
Gewicht	1700 kg

Der Allgaier R 22 war der stärkere Bruder des R 18. Diese Ausführung ist noch ohne Motorhaube.

57

Eicher ED 16

Mit dem ED 16 baute Eicher den ersten Serientraktor mit luftgekühltem Motor.

Der ED 16 aus der oberbayerischen Traktorschmiede gilt als Legende. Das lag nicht nur daran, dass er ein äußerst zuverlässiger und robuster Schlepper war, sondern auch daran, dass er 1948 der weltweit erste Serientraktor war, der einen luftgekühlten Motor eingesetzt bekam. Dieser Motor, der ED1 (das heißt: Eicher Diesel 1), war dank Direkteinspritzung besonders sparsam. Hinzu kam, dass das Fahrzeug, da die aufwendige Kühlwassertechnik nicht benötigt wurde, sehr viel leichter war. Stattdessen hatte der ED 16 ein Axialgebläse, das die Kühlluft an den Zylinder blies. Die Bauern schätzten den geringen Wartungsaufwand des ED 16 sehr. Da es für die meisten dieser Käufer der erste Traktor war, konnte man noch keine besonderen technischen Kenntnisse erwarten.

▶ **Wussten Sie schon?**

Vom ED 16 gab es mehrere Varianten, die sich in den Getrieben unterschieden, die von verschiedenen Herstellern kamen.

Nach zwei Jahren Bauzeit wurde der ED 16 mit einem Fünfgang-Getriebe bestückt. Es stammte aus der Hand der Münchner Firma Hurth. Die so zusammengebaute Variante hieß nun ED 16/II. Der ED 16/II wurde in dieser Ausführung bis 1953 gebaut.

TECHNISCHE DATEN	
Bauzeit	1948–1950
Motor	Eicher ED 1
Getriebe	4V 1R
Leistung	16 PS
Hubraum	1425 ccm
Zylinder	1
Höchstgeschwindigkeit	15 km/h
Länge	2420 mm
Gewicht	1450 kg

58

Primus P 22

Da der Produktionsstandort Berlin nach dem Krieg aufgegeben werden musste, richtete sich Primus ab 1945 im Zweigwerk Miesbach ein. Das erste dort nach dem Krieg gebaute Modell war die Wiederaufnahme des sehr erfolgreichen 22-PS-Modells, das allerdings statt des Deutz-Motors einen wassergekühlten Zweizylinder-Diesel von MWM bekam. Ebenso musste Primus auf das bisher verwendete Getriebe von Prometheus verzichten und stieg auf ein Viergang-Getriebe von ZF um.

Mit dem P 22 setzte Primus die Erfolgsgeschichte des 22-PS-Modells aus der Vorkriegszeit fort.

TECHNISCHE DATEN

Bauzeit	1948–1949
Motor	MWM KD 215 Z
Getriebe	4V 1R
Leistung	22 PS
Hubraum	1870 ccm
Zylinder	2
Höchstgeschwindigkeit	16 km/h
Länge	2600 mm
Gewicht	1550 kg

59

Stihl 140

Das als Hersteller von Kettensägen bekannte Unternehmen Stihl stellte 1948 einen Schlepper vor, dessen innovatives Konzept des Tragschleppers noch lange im Traktorbau nachwirken sollte. Das 750 Kilogramm schwere Leichtgewicht wurde in jeder Hinsicht so konzipiert, dass es möglichst wenig auf die Waage brachte. Natürlich bedeutete das mangelnde Zugkraft, doch war das Ziel ja ohnehin eher die Bodenbearbeitung gewesen. Die Motorprobleme der frühen Modelle waren bald behoben.

Der filigran wirkende Stihl 140 hatte einen luftgekühlten Zweitakt-Motor.

TECHNISCHE DATEN

Bauzeit	1948–1957
Motor	Stihl Zweitakt-Diesel
Getriebe	3V 1R
Leistung	12 PS
Hubraum	634 ccm
Zylinder	1
Höchstgeschwindigkeit	15 km/h
Länge	k.A.
Gewicht	750 kg

60

Eicher 11 PS

Eine absolute Rarität, die in vielen Eicher-Büchern gar nicht auftaucht, ist das 11-PS-Modell.

In den ersten Jahren nach dem Zweiten Weltkrieg war vieles noch Improvisation. Es entstanden Traktoren zum Teil aus der Wiederverwendung gebrauchter Teile, man baute zusammen, was gerade vorhanden war. Eicher hat in dieser Zeit ein 11-PS-Modell nach dem Vorbild des Bauern-Deutz gebaut. Als Motor wurde der F1M 414 herangezogen. Das Getriebe stammte allerdings von ZF. Spätestens mit der Festlegung auf die luftgekühlten Motoren wurde jedenfalls die Produktion des 11-PS-Modells eingestellt.

TECHNISCHE DATEN	
Bauzeit	ca. 1948
Motor	Deutz F1M 414
Getriebe	k.A.
Leistung	11 PS
Hubraum	1099 ccm
Zylinder	1
Höchstgeschwindigkeit	15 km/h
Länge	k.A.
Gewicht	k.A.

61

MWM ASA

Der ASA- oder Iflat-Schlepper war bei MWM entwickelt worden.

Die Motoren-Werke Mannheim sind vor allem als Motorlieferanten für viele Traktormarken bekannt. Der Versuch, einen eigenen Schlepper herzustellen, wurde 1948 in Zusammenarbeit mit Professor Gerhardt Preuschen vom Institut für Landarbeit und Landtechnik unternommen. Das Ergebnis war der Iflat- oder ASA-Allradschlepper, der später von Deuliewag als „Record 25 V" übernommen wurde. Ein äußerliches Kennzeichen der 2,5 Tonnen schweren Maschine waren die vier gleichgroßen Räder.

TECHNISCHE DATEN	
Bauzeit	1948
Motor	MWM KD 215 Z
Getriebe	6V 2R
Leistung	22 PS
Hubraum	2356 ccm
Zylinder	2
Höchstgeschwindigkeit	20 km/h
Länge	k.A.
Gewicht	2500 kg

62

Faun AS 22

FAUN (Fahrzeugwerke Ansbach und Nürnberg) war ein wichtiger Hersteller von Lastwagen und Baufahrzeugen, ehe man nach dem Krieg auch versuchte, im Traktorbereich Erfolge zu feiern. 1949 wurde der AS 22 vorgestellt, ein in Blockbauweise erstellter Schlepper mit einem Zweizylindermotor von MWM, Riemenscheibe, Zapfwelle und Differenzialsperre. Die wuchtige Motorhaube stammte aus der Lkw-Produktion von FAUN. Nur etwa 50 Exemplare wurden gebaut.

Mit einer Stückzahl von nur circa 50 ist der AS 22 ein sehr seltenes Modell.

TECHNISCHE DATEN	
Bauzeit	1948–1949
Motor	MWM KD 215 Z
Getriebe	4V 1R
Leistung	22 PS
Hubraum	2356 ccm
Zylinder	2
Höchstgeschwindigkeit	19,2 km/h
Länge	k.A.
Gewicht	1600 kg

63

Wotrak

Zu den Unternehmen, die eine sehr geringe Stückzahl an Traktoren herstellten, gehörte die Wolfenbütteler Traktorengesellschaft mbH. Die in der niedersächsischen Stadt Sankt Andreasberg ansässige Firma begann 1949 mit der Produktion von Allzweckschleppern, die als „Wotrak“ bezeichnet wurden. Sie waren standardmäßig mit einer Windschutzscheibe, einem Allwetterdach, einem Mähantrieb und einem hydraulischen Kraftheber ausgestattet. Der Motor stammte von Deutz.

Der Wotrak wurde nur kurze Zeit und in geringer Stückzahl gebaut.

TECHNISCHE DATEN	
Bauzeit	1949–1950
Motor	Deutz F2M 414
Getriebe	4V 1R
Leistung	22 PS
Hubraum	2198 ccm
Zylinder	2
Höchstgeschwindigkeit	18,5 km/h
Länge	k.A.
Gewicht	1700 kg

64

Alpenland GS 15

Fahrzeugbau Alpenland G.m.b.H. mit Sitz im oberbayerischen Wolfratshausen gehörte zu den vielen kleinen Firmen, die nach dem Zweiten Weltkrieg in die Traktorproduktion einstiegen. Gegründet wurde das Unternehmen von den Brüdern Schröter, die bereits 1948 damit begannen, mit Bauteilen aus ausgemusterteren amerikanischen Militärfahrzeugen Spezialfahrzeuge für die Land- und Forstwirtschaft herzustellen. Der erste Schlepper wurde 1949 auf dem bayerischen Zentrallandwirtschaftsfest in München vorgestellt. Es handelte sich um den GS 15, der von einem einzylindrigen wassergekühlten MWM-Motor angetrieben wurde. Die Käufer blieben jedoch zurückhaltend, so dass die Traktorherstellung schon 1954 wieder aufgegeben werden musste.

▶ Wussten Sie schon?

Zu den Innovationen bei den Alpenland-Traktoren gehörte die Vierradlenkung. Die Käufer blieben jedoch zurückhaltend.

TECHNISCHE DATEN	
Bauzeit	Ab 1949
Motor	MWM KDW 215 E
Getriebe	5V 1R
Leistung	15 PS
Hubraum	1178 ccm
Zylinder	1
Höchstgeschwindigkeit	20 km/h
Länge	k.A.
Gewicht	1090 kg

Der Alpenland GS 15 gehört heute zu den Seltenheiten auf den Traktortreffen.

IFA RS 02/22 – Brockenhexe

65

Brockenhexe wurde ein Modell genannt, dessen nüchterne Typenbezeichnung RS 02 lautete. Der Traktor wurde in der DDR in dem VEB Schlepperwerk Nordhausen von 1949 bis 1952 hergestellt. Als Antrieb diente anfangs ein auf Lizenz gebauter Deutz-Motor. Später wurde eine eigene Entwicklung verwendet. Von der Brockenhexe gab es eine Version mit und eine ohne Fahrerkabine. Beim Getriebe handelte es sich um einen Nachbau des Viergang-Getriebes A 12 der Zahnradfabrik Friedrichshafen. Vom RS 02 wurden insgesamt nur 1.932 Exemplare hergestellt.

Als Brockenhexe wurde der RS 02 bezeichnet, der aus dem Schlepperwerk Nordhausen stammte.

TECHNISCHE DATEN

Bauzeit	1949–1952
Motor	F2M 414
Getriebe	4V 2R
Leistung	22 PS
Hubraum	2200 ccm
Zylinder	2
Höchstgeschwindigkeit	15 km/h
Länge	2980 mm
Gewicht	1775 kg

Weigold WKD 24 Z

66

Die Firma Weigold aus Mannheim stellte von 1948 bis 1951 Traktoren her. Als Antrieb kamen wassergekühlte MWM-Motoren zum Einsatz. Ab 1950 bekamen die Weigold-Traktoren die Bezeichnung WKD. Die meisten Bauteile der Schlepper stammten von Zulieferern, darunter das Getriebe. Die Blechteile wurden von Weigold jedoch im eigenen Hause gefertigt.

Weigold baute formschöne Traktoren, konnte aber nur geringe Produktionszahlen vorweisen.

TECHNISCHE DATEN

Bauzeit	1949–1951
Motor	MWM 215 Z
Getriebe	4V 1R
Leistung	24 PS
Hubraum	2356 ccm
Zylinder	2
Höchstgeschwindigkeit	19,2 km/h
Länge	k.A.
Gewicht	1600 kg

67 Boehringer-Unimog

Diese frühen Unimog erkennt man am Stierwappen auf der Motorhaube.

Nach Kriegsende verboten die Alliierten Daimler zunächst jede Produktion. Eine Gruppe ehemaliger Angestellter unter Albert Friedrich entwickelte in Schwäbisch Gmünd ein neuartiges Fahrzeug, das Universal-Motor-Gerät oder kurz „Unimog" getauft wurde. Für die Serienproduktion wurde zunächst ein kleiner Getriebehersteller in Göppingen, die Firma Boehringer gewonnen. Allerdings war schon bald zu erkennen, dass es zu Kapazitätsproblemen kommen sollte. Mehr als 600 Stück in fast eineinhalb Jahren konnten nicht gebaut werden. Aus diesem Grund wurde die Fertigung an den ehemaligen Arbeitgeber Daimler übergeben, die für den Unimog ihr Werk in Gaggenau vorsahen.

Der Unimog hatte vier gleich große, angetriebene Räder. Hinter dem Fahrersitz war eine Ladepritsche, die für kleinere und mittlere Transporte äußerst zweckmäßig war. Der Bauer konnte etwa einen Messerbalken anbauen lassen, ein Spritzfass fürs Düngen mitführen oder einen Pflug ziehen.

TECHNISCHE DATEN

Bauzeit	1949–1950
Motor	Mercedes-Benz OM 636.912
Getriebe	6V 1R
Leistung	25 PS
Hubraum	1697 ccm
Zylinder	4
Höchstgeschwindigkeit	50 km/h
Länge	3520 mm
Gewicht	1775 kg

IFA RS 01/40 – Pionier

Vor dem Zweiten Weltkrieg gehörte die breslauer Firma FAMO zu Junkers. Der Flugzeugbauer hatte 1935 die Straßensparte von LHB übernommen. In der jungen DDR baute man auf deren Know-how auf und stellte als ersten Traktor auf Grundlage eines FAMO-Schleppers von 1936 den RS 01/40 her. Weil er als Speerspitze einer ganzen Traktorflotte gesehen wurde, erhielt er den Beinamen Pionier.

TECHNISCHE DATEN

Bauzeit	1949–1953
Motor	Viertakt-Diesel
Getriebe	5V 1R
Leistung	40 PS
Hubraum	5022 ccm
Zylinder	4
Höchstgeschwindigkeit	k.A.
Länge	3650 mm
Gewicht	3300 kg

▶ Wussten Sie schon?

Die ersten Exemplare wurden noch in Zwickau gebaut. 1950 wechselte die Produktion nach Nordhausen.

Der RS 01/40 war in den frühen Jahren der DDR das Rückgrat der Landwirtschaft. Er wurde fast 20.000-mal gebaut. Dank seiner guten PS-Leistung war er auch für schwerere Zugaufgaben gut geeignet. Der Vierzylinder-Motor hatte fünf Liter Hubraum. Im Jahr 1956 wurde die Produktion des Pioniers eingestellt.

RS 01/40 bedeutet: der erste in der DDR gebaute Radschlepper mit einer Leistung von 40 PS.

Deuliewag konnte auch mit dem D 24 nicht an die Erfolge aus der Vorkriegszeit anknüpfen und gab 1952 auf.

69

Deuliewag D 24

Deuliewag war vor dem Zweiten Weltkrieg schon als Erbauer von Traktoren in Erscheinung getreten. Wichtigstes Ziel war für die im Berliner Wedding liegende Firma der Bau von Straßenschleppern, ein Markt, den sich vor allem Hanomag, Lanz und Deutz teilten. Doch auch für den Ackerbauern wurden Maschinen ausgerüstet. Nach Kriegsende zog Deuliewag über Lübeck nach Hamburg um und begann wieder mit dem Bau von Schleppern. Der D 24 war 1949 in Lübeck entstanden. Er war in Blockbauweise konstruiert worden, hatte einen Zweizylindermotor von MWM und ein Getriebe von Renk. Als der D24 auf den Markt kam, hatte er noch die eckige Form, doch die künstlerisch begabte Ehefrau des Firmeninhabers entwarf eine neue Form mit Nierengrill und abgerundeten Kanten.

▶ Wussten Sie schon?
Die Motorhaube hat der Firmenchef seine Ehefrau gestalten lassen: Marianne Jeroch.

TECHNISCHE DATEN	
Bauzeit	1949–1952
Motor	MWM KDW 415 Z
Getriebe	4V 1R
Leistung	24 PS
Hubraum	2356 ccm
Zylinder	2
Höchstgeschwindigkeit	19,2 km/h
Länge	2630 mm
Gewicht	1850 kg

70

Normag NG 15 L

Nach dem Krieg wurden die Normag-Schlepper unter dem Namen Normag-Zorge verkauft. Zorge wurde nach dem Krieg zum Sitz des Unternehmens, denn Nordhausen lag in der sowjetischen Besatzungszone. Ab 1950 baute Normag den NG 15, einen 15, später 17

Der NG 15 war eines der ersten Schleppermodelle, die von Normag in Westdeutschland gebaut wurden.

PS starken Traktor, der im Schlepperboom Erfolge bringen sollte. Der Einzylinder-Motor war ein Lizenznachbau des MWM-Motors KD 415 E. Das Kürzel „L“ steht für eine Langversion, „K“ hingegen für die kürzere Variante.

TECHNISCHE DATEN

Bauzeit	1949–1951
Motor	Normag BM 15 L
Getriebe	4V 1R
Leistung	17 PS
Hubraum	1178 ccm
Zylinder	1
Höchstgeschwindigkeit	19,5 km/h
Länge	2350 mm
Gewicht	2100 kg

71

Allgaier A 30

Es gibt echte Pechvögel unter den Traktoren, zu ihnen gehört der A 30 von Allgaier. 1950 stand er fast unbeachtet auf dem DLG-Stand, denn alles schaute auf den ebenfalls vorgestellten AP 17. Der größere A 40 war in der höheren Leistungsklasse für die Kunden interessanter.

Der 1950 vorgestellte A 30 ging im Hype um den neuen Volksschlepper AP 17 völlig unter.

So ist es fraglich, ob außer den Prototypen überhaupt ein A 30 verkauft worden ist. Die Werbung wurde jedenfalls bereits im folgenden Jahr eingestellt.

Der A 30 war ein Zweizylinderpendant zum A 22. Auch er war in Rahmenbauweise konstruiert. Im Vergleich zum A 40 hatte er kleinere Räder und neun PS weniger.

TECHNISCHE DATEN

Bauzeit	1950
Motor	Allgaier A 35
Getriebe	6V 1R
Leistung	35 PS
Hubraum	3680 ccm
Zylinder	2
Höchstgeschwindigkeit	25,3 km/h
Länge	3110 mm
Gewicht	2000 kg

72 IFA RS 03/30 – Aktivist

Nach dem Pionier und der Brockenhexe war der Aktivist das dritte in der DDR gebaute Traktormodell.

Mit den Maschinen des ehemaligen Schlepperwerks von O & K in Babelsberg wurde der Aktivist oder RS 03/30 ab 1949 gebaut. Verwendet wurde ein Zweizylinder-V-Motor. Das Getriebe wurde einem Typ von Prometheus nachgebaut. Der Aktivist fiel besonders durch seinen extrem kurzen Radstand und die wie bei einem Lanz voll verkleidete Fahrerplattform auf. Es hagelte Kritik am Leistungsvermögen des Schleppers und nach drei Jahren Bauzeit wurde er durch den RS 04/30 ersetzt.

TECHNISCHE DATEN	
Bauzeit	1949–1952
Motor	Brandenburg 16 V 2
Getriebe	4V 1R
Leistung	30 PS
Hubraum	3324 ccm
Zylinder	2
Höchstgeschwindigkeit	17,8 km/h
Länge	2685 mm
Gewicht	2190 kg

73 Kögel K 22

Der K 22 war eines der ersten Kögel-Modelle.

Das Baumaschinenunternehmen Kögel stieg nach dem Zweiten Weltkrieg in die Traktorenbranche durch die Umrüstung von Holzgasschleppern auf den Antrieb mit Dieselmotoren ein. 1949 begann die Münchner Firma mit dem Bau eigener Traktoren. Eines der ersten Modelle war der K 22, der einen 22 PS starken wassergekühlten Motor von MWM unter der Haube hatte. Kögel errang eine regionale Bedeutung, blieb deutschlandweit aber fast unbeachtet.

TECHNISCHE DATEN	
Bauzeit	1949–1954
Motor	MWM KD 215 Z
Getriebe	4V 1R
Leistung	19 PS
Hubraum	2356 ccm
Zylinder	2
Höchstgeschwindigkeit	22 km/h
Länge	k.A.
Gewicht	1600 kg

74

Schlüter DS 25

Nach dem Zweiten Weltkrieg begann man bei Schlüter zunächst, die Holzgasschlepper mit Dieselmotoren auszustatten. Das erste neue Nachkriegsmodell war der DSU 25, der jedoch ebenfalls auf einem Holzgasschlepper basierte. Eine Weiterentwicklung des DSU 25 war der DS 25, der 1949 auf den Markt kam. Die Dauerleistung des neuen Modells lag bei 25 PS. Als Höchstleistung wurden 28 PS angegeben. Das Getriebe stammte von ZF und Renk. Die Anzahl der Vorwärtsgänge betrug anfangs noch vier, später wurde sie auf fünf erhöht.

Der DS 25 war ein Nachkriegsmodell von Schlüter.

TECHNISCHE DATEN

Bauzeit	1949–1954
Motor	Schlüter ED 25
Getriebe	4V 1R
Leistung	25 PS
Hubraum	3114 ccm
Zylinder	2
Höchstgeschwindigkeit	20 km/h
Länge	3100 mm
Gewicht	1940 kg

75

Röhr R 25

Die Erich Röhr Maschinenfabrik GmbH nahm die Arbeit 1948 in angemieteten Räumen der Zahnradfabrik Passau auf. Zu den ersten Produkten gehörten so unterschiedliche Geräte wie Kompressoren, Kartoffeldämpfer und Torfabbaugeräte. Auch Schlepper gehörten bald zum Programm. 1950 zog das Unternehmen nach Landshut um. Zu den Schleppern, die im neuen Werk hergestellt wurden, gehörte der R 25, der von einem MWM-Motor angetrieben wurde.

Wie oft bei kleinen Herstellern üblich, wurde der R 25 aus Teilen verschiedener Zulieferer gebaut.

TECHNISCHE DATEN

Bauzeit	1950–1952
Motor	MWM KDW 415 E
Getriebe	4V 1R
Leistung	25 PS
Hubraum	2356 ccm
Zylinder	2
Höchstgeschwindigkeit	19 km/h
Länge	k.A.
Gewicht	1700 kg

76 Deutz F1L 514

Deutz stellte 1950 als Nachfolger des legendären Elfers den 15-PS-Bauernschlepper F1L 514 vor. Dieser Traktor wurde zu einem ganz großen Erfolg. Alle Versionen zusammengerechnet wurden fast 37.000 Stück verkauft. In vieler Hinsicht entsprach dieser Schlepper seinem Vorgänger, denn Getriebe, Fahrwerk, Einspritzpumpe und Kurbelwelle waren aus dem Nachkriegs-„Elfer“ weiter verwendet worden. Der moderne, nach dem Wirbelkammerverfahren arbeitende 15-PS-Motor wurde elektrisch angelassen.

TECHNISCHE DATEN	
Bauzeit	1950–1951
Motor	Deutz F1L 514
Getriebe	4V 1R
Leistung	15 PS
Hubraum	1330 ccm
Zylinder	1
Höchstgeschwindigkeit	15 km/h
Länge	2350 mm
Gewicht	1190 kg

Riemenscheibe und elektrische Ausrüstung waren serienmäßig, Zapfwelle, Mähwerk, hydraulischer Kraftheber (ab 1951) gab es gegen Aufpreis. Um eine möglichst hohe Bodenfreiheit zu haben, war die Vorderachse als Portalachse ausgebildet.

Deutz profitierte mit diesem gelungenen Bauernschlepper sehr von der gestiegenen Kaufbereitschaft der Bauern nach dem Krieg.

Lanz HE, D 5506

In den ersten Jahren nach dem Zweiten Weltkrieg hatte Lanz vor allem sein Bulldog-Programm aus der Vorkriegszeit neu belebt, da dadurch die Entwicklungskosten gering gehalten werden konnten. Es wurde aber bald offensichtlich, dass der Markt kleine Allzwecktraktoren verlangte. Mit der Entwicklung des D 5506, den man zur Baureihe HE rechnete, wollte man bei Lanz der großen Nachfrage nach sogenannten Bauernschleppern entgegenkommen. Der D 5506 besaß einen Glühkopfmotor mit einem seitlich positionierten Zündsack. Mit einem Kaufpreis von 4.500 DM war der Bulldog auch für kleine Betriebe interessant, was sich an den Verkaufszahlen zeigte. In nur zwei Jahren wurden ungefähr 8.300 Exemplare des D 5506 hergestellt.

▶ Wussten Sie schon?

Der D 5506 war mit leichten Speichenrädern ausgestattet. Die Spurweite konnte verstellt werden.

TECHNISCHE DATEN

Bauzeit	1950–1952
Motor	Lanz Glühkopfmotor
Getriebe	6V 2R
Leistung	16 PS
Hubraum	2807 ccm
Zylinder	1
Höchstgeschwindigkeit	19,3 km/h
Länge	2745 mm
Gewicht	1190 kg

Der Zündsack des D 5506 ist nicht gleich zu erkennen, da er seitlich positioniert ist.

Das V im Namen stand für die Verdampfungskühlung, mit der dieser Traktor arbeitete.

78

Kramer K 12 V

▶ **Wussten Sie schon?**

Den K 12 konnte man in der gleichen Motorisierung auch mit Thermosyphonkühlung haben. In dieser Konfiguration hieß er dann K 12 Th.

Viele Hersteller bauten nach dem Krieg mit einigen Verbesserungen, oftmals aber mit anderem Motor oder Getriebe, da die bisherigen Lieferanten ausgefallen waren, ihre Vorkriegsmodelle weiter. Der Kramer K 12 V oder der „kleine Kramer“ gehörte auch dazu. Bei ihm kann man jedoch zwei Veränderungen feststellen, die ihn zu einem anderen Schlepper machten: Der Deutz MAH 914 ersetzte den bisherigen Güldner-Motor und jetzt wurde auch eine Motorhaube mitgeliefert.

Diesen Schlepper konnte man wahlweise mit Viergang- oder mit Fünfgang-Getriebe erwerben. Die Viergangversion war seinerzeit der billigste Schlepper auf dem Markt, was natürlich stark zu seiner Verbreitung beitrug.

TECHNISCHE DATEN

Bauzeit	1950–1952
Motor	Deutz MAH 914
Getriebe	4V 1R
Leistung	15 PS
Hubraum	1099 ccm
Zylinder	1
Höchstgeschwindigkeit	15 km/h
Länge	2700 mm
Gewicht	1330 kg

Allgaier A 22

Dieser ab Oktober 1950 verkaufte Typ war der Nachfolger des Modells R 18, des ersten bei Allgaier gebauten Traktors. Allerdings hatte er eine Motorhaube und 22 statt 18 PS. Mit dem A 22 feierte Allgaier solide Verkaufserfolge. Insgesamt 10.000 gebaute Exemplare dieses wassergekühlten Einzylinders machen ihn zu einem der großen Modelle in der Zeit des Schlepperbooms.

Da Allgaier auch ein interessantes Zubehör anbieten konnte, war der A 22 sehr vielseitig. Auch als Gemeindeschlepper konnte er dienen, etwa beim Schneeräumen oder beim Feuerlöschen. Der hydraulische Kraftheber, ein Mähwerk, eine Seilwinde oder ein Allwetterverdeck rüsteten den Traktor auf. Für spezielle Einsatzzwecke konnte eine Ansteckraupe für die Hinterachse bezogen werden. Der Auspuff ging, wie bei Allgaier üblich, nicht nach oben sondern seitlich nach unten ab. Der in Rahmenbauweise konstruierte Schlepper geriet um 1953 gegen die Konkurrenz der luftgekühlten AP-Modelle von Allgaier ins Hintertreffen.

TECHNISCHE DATEN	
Bauzeit	1950–1954
Motor	Kaelble R 22
Getriebe	4V 1R
Leistung	22 PS
Hubraum	1840 ccm
Zylinder	1
Höchstgeschwindigkeit	20 km/h
Länge	2580 mm
Gewicht	1475 kg

Die von Allgaier selbst konstruierten Traktoren wie der A 22 wurden parallel zu den Schleppern des Systems Porsche gebaut.

80 Eicher 25/II

Dieses Sondermodell hatte statt des ZF-Getriebes eines von der Firma Renk.

Eicher baute nach dem Krieg wieder sein 22-PS-Modell, allerdings mit einigen Änderungen, unter anderem mit einem ZF-Getriebe. Da er in dieser neuen Konfiguration eigentlich 25 PS leistete, wurde er auch als 25/I bezeichnet. Ab 1950 kam dieser Schlepper in etwas verbesserter Form nun als 25-PS-Traktor zum Verkauf. Dieses Modell wird als 25/III bezeichnet. Eicher stellte in wenigen Exemplaren auch eine Version 25/II mit einem Viergang-Getriebe von Renk her.

TECHNISCHE DATEN	
Bauzeit	1950–1953
Motor	Deutz F2M 414
Getriebe	5V 1R
Leistung	25 PS
Hubraum	2198 ccm
Zylinder	2
Höchstgeschwindigkeit	19,1 km/h
Länge	2760 mm
Gewicht	1810 kg

81 Normag Faktor II

Der Faktor II mit luftgekühltem Zweizylindermotor aus eigener Fertigung leistete 20 PS.

Die 1951er-Modelle Faktor I, II und III von Normag gehören zu den gelungensten und zuverlässigsten Schleppern ihrer Zeit. Der mittelgroße Faktor II mit der technischen Bezeichnung N 20 b (es gab ein Jahr vorher noch die Version F 22) besetzte die 20-PS-Klasse. Das Getriebe hatte die damals standardmäßigen fünf Gänge. Im Gegensatz zum Faktor I hatte er eine Wasserkühlung. Der Faktor II wurde bis 1953 gebaut und erlebte die zwei Jahre später erfolgte Übernahme von Normag durch O & K nicht mehr.

TECHNISCHE DATEN	
Bauzeit	1950–1953
Motor	Normag BM 24 A
Getriebe	5V 1R
Leistung	20 PS
Hubraum	2356 ccm
Zylinder	2
Höchstgeschwindigkeit	20 km/h
Länge	2600 mm
Gewicht	1300 kg

Eicher ED 16/II

Der ED 16/II erwies sich für Eicher als großer Erfolg, was mit seiner Zuverlässigkeit und Wartungsfreundlichkeit zusammenhing.

Mit der Einführung des ersten luftgekühlten Schleppers, des ED 16, schrieb Eicher 1948 Geschichte. Der ED 16 gewann durch seine Zuverlässigkeit und Wartungsfreundlichkeit schnell an Beliebtheit unter den Landwirten. 1950 stattete man den Traktor mit einem neuen Getriebe von Hurth aus, das einen Gang mehr bot: der ED 16/II war geboren. Kurze Zeit darauf wurde die Motorleistung auf 19 PS erhöht. 1953 wurden zudem die Motorhauben mit einem etwas runderen Design versehen. Für den ED 16/II stand eine große Auswahl an Zusatzausstattung zur Verfügung. Dazu gehörten ein Balkenmähwerk, ein hydraulischer Kraftheber und eine Riemenscheibe. Auf der Straße erreichte der ED 16/II eine Höchstgeschwindigkeit von 20 km/h. Das vordere Anhängemaul half beim Rangieren mit einem Wagen. Der ED 16/II war ein richtiger Allzwecktraktor für den kleinen Hof.

Nicht zuletzt durch den ED 16/II erwies sich Eicher zu dieser Zeit als eines der innovativsten Unternehmen der Landtechnikbranche.

▶ Wussten Sie schon?
Dank einer Heckhydraulik konnte auch mit Anbaugeräten gearbeitet werden.

TECHNISCHE DATEN

Bauzeit	1950–1957
Motor	Eicher ED 1
Getriebe	5V 1R
Leistung	19 PS
Hubraum	1425 ccm
Zylinder	1
Höchstgeschwindigkeit	20 km/h
Länge	2600 mm
Gewicht	1425 kg

Der AP 17 war von Porsche konstruiert worden und sollte ursprünglich als Volksschlepper gebaut werden.

83

Allgaier AP 17

Der AP 17 war der erste von Porsche entwickelte Traktor, der es bis zur Serienfertigung gebracht hat. Dieser Schlepper hatte nicht nur einen besonders hohen technischen Standard, sondern die gut durchdachte Fertigungsmethode erlaubte auch einen sensationell niedrigen Preis. Als der Porsche-Schlepper bei der DLG-Ausstellung in Frankfurt am Main im Juni 1950 zum ersten Mal vorgestellt wurde, schockte er die Konkurrenz.

Der AP 17 wurde in einer auffallenden Lackierung präsentiert. Die wichtigsten Merkmale dieses außergewöhnlichen Traktors waren die leichten, aus Silumin gegossenen Bauteile und die ölhydraulische Voith-Strömungskupplung. Sie sorgte für hohen Fahrkomfort, denn dank ihr gab es keine Schwierigkeiten beim Anfahren und kein Abwürgen des Motors mehr. Zu den Markmalen gehörte auch die Luftkühlung des Motors, die weniger Bauteile benötigte und deshalb weniger reparaturanfällig war. Da der Schlepper über Riemenscheibe, Zapfwelle und eine Anhängerkupplung verfügte, konnten viele alte Landmaschinen noch genutzt werden.

TECHNISCHE DATEN	
Bauzeit	1950–1954
Motor	Allgaier AP 17
Getriebe	5V 1R
Leistung	18 PS
Hubraum	1374 ccm
Zylinder	2
Höchstgeschwindigkeit	20 km/h
Länge	2550 mm
Gewicht	950 kg

Primus PD 2

Primus hatte sich bereits vor dem Zweiten Weltkrieg einen hervorragenden Ruf als innovatives und Qualität lieferndes Unternehmen aufgebaut. Vor allem seine Straßenschlepper waren sehr beliebt. Nach zwei neuen Modellen mit 15 und 28 PS im Vorjahr führte Primus 1950 ein Modell ein, das leistungsmäßig zwischen den beiden lag: der PD 2 leistete je nach Drehzahl 20 oder 24 PS. Sein Motor war im Baukastenprinzip gefertigt, das Fünfgang-Getriebe mit Differenzialsperre stammte von Hurth. Die Vorderachse war als Pendelachse mit Blattfederung ausgelegt. Serienmäßig waren Riemenscheibe, Zapfwelle und elektrische Beleuchtungsanlage. Dagegen mussten andere Elemente, wie Mähantrieb, Seilwinde, hydraulischer Kraftheber und Wetterschutzdach extra bezahlt werden. Der PD 2 wurde bis 1957 gebaut, es war das Jahr, in dem der Besitzer von Primus starb. Schon ein Jahr später musste Primus für immer seine Traktorfertigung im oberbayerischen Miesbach einstellen.

▶ Wussten Sie schon?

Der PD 2 L von Primus mit Luftkühlung unterschied sich technisch sehr stark vom PD 2, nicht nur durch den Motor.

TECHNISCHE DATEN	
Bauzeit	1950–1957
Motor	Primus 2 D 120
Getriebe	5V 1R
Leistung	24 PS
Hubraum	2350 ccm
Zylinder	2
Höchstgeschwindigkeit	24 km/h
Länge	2720 mm
Gewicht	1700 kg

Primus hatte immer hochwertige und ideenreiche Schlepper. 1958 musste das Unternehmen dennoch aufgeben.

85 Schlüter DS 15

Der DS 15 stammt aus einer Zeit, als die Schlüter-Traktoren noch nicht rot und riesig waren.

Die in Freising ansässige Firma Schlüter schrieb mit seinen Großtraktoren Geschichte. Aber das Unternehmen hatte sich nicht seit jeher auf Schlepper im obersten Leistungsbereich spezialisiert. In den 1950er-Jahren wurden noch Modelle hergestellt, mit denen die breite Schicht der kleinen Landwirte angesprochen wurde. Dazu gehörte der DS 15, der von einem 15 PS starken Schlüter-Motor angetrieben wurde. Die Getriebe wurden anfangs von ZF und Renk geliefert.

TECHNISCHE DATEN	
Bauzeit	1950–1954
Motor	Schlüter ED 15
Getriebe	5V 1R
Leistung	15 PS
Hubraum	1610 ccm
Zylinder	1
Höchstgeschwindigkeit	18,7 km/h
Länge	2670 mm
Gewicht	1390 kg

86 Orenstein & Koppel (O & K) T 18 A

Der T 18 A war noch das bestverkaufte Modell der in Kleimengen produzierten O&K-Traktoren.

Orenstein & Koppel hatte bereits vor dem Zweiten Weltkrieg in Nordhausen im Harz Traktoren gebaut. 1949 konnte im Dortmunder Zweigwerk die Produktion wieder aufgenommen werden. Von 1950 bis zur Auflösung der Traktorsparte wurde der T 18 A gebaut. Sein Einzylinder-Motor stammte aus eigener Fertigung, das Fünfgang-Getriebe bezog man bei ZF. Der in Blockbauweise gefertigte Schlepper hatte einen sehr kurzen Radstand von nur 1.600 Millimetern, was ihn recht wendig machte.

TECHNISCHE DATEN	
Bauzeit	1950–1954
Motor	Viertakt-Diesel
Getriebe	5V 1R
Leistung	18 PS
Hubraum	1662 ccm
Zylinder	1
Höchstgeschwindigkeit	20 km/h
Länge	2550 mm
Gewicht	1500 kg

Hanomag R 16

Mit über 14.000 verkauften Exemplaren war der R 16 für Hanomag ein bedeutender Erfolg. Während die anderen aktuellen Modelle dieses Unternehmens in Halbrahmenbauweise gefertigt waren, war der R 16 als einziger in Blockbauweise konstruiert worden. Mit dem neuen Dieselmotor D 14 S bekam er den ersten Zweizylindermotor, den Hanomag je in einem Schlepper verbaute.

Bis zum Erscheinen des R 12 (1953) war der R 16 das kleinste Modell bei Hanomag. Das Fünfgang-Getriebe erlaubte Geschwindigkeiten zwischen 3,75 und 20 km/h. Die optionale Kriechgang-Untersetzung machte eine Fortbewegung von 420 m/h bis 1.500 m/h möglich. Zapfwelle und Riemenscheibe waren serienmäßig. Gegen Aufpreis konnte man sich einen hydraulischen Kraftheber, einen Mähwerkantrieb oder ein Fahrerdach mit Windschutzscheibe zulegen. Den R 16 gab es in einer Standard- (R 16 B) und in einer Hochradversion (R 16 A). Die Vielzahl von Anbaugeräten, die Hanomag mitliefern konnte, wurde als „Combitrac"-System bezeichnet.

▶ Wussten Sie schon?

Der R 16 A war die Hochradversion dieses erfolgreichen Hanomag-Schleppers. Er wurde beim Reihenfruchtanbau verwendet.

TECHNISCHE DATEN	
Bauzeit	1950–1957
Motor	Hanomag D 14 S
Getriebe	5V 1R
Leistung	16 PS
Hubraum	1390 ccm
Zylinder	2
Höchstgeschwindigkeit	20 km/h
Länge	2680 mm
Gewicht	1170 kg

1950 wurde der R 16 als Hanomags wichtiger Beitrag zum „Schlepperboom" vorgestellt.

88 Lanz HR 8, D 1506

Der bereits vor dem Zweiten Weltkrieg produzierte D 1506 wurde in der Nachkriegszeit neu belebt.

Der D 1506 war ein Ackerluft-Bulldog, der sich bereits von 1937 bis 1940 im Produktionsprogramm von Lanz befunden hatte. Nach dem Zweiten Weltkrieg wurde seine Produktion erneut begonnen. Im Großen und Ganzen entsprach die Nachkriegsversion dem Vorkriegs-Bulldog. Einige Änderungen hatte es aus Sicherheitsgründen gegeben. Dazu gehörten die Anwerfscheibe und die Einzelrad-Lenkbremse. Der D 1506 wurde bis 1955 hergestellt.

TECHNISCHE DATEN	
Bauzeit	1950–1955
Motor	Lanz Glühkopfmotor
Getriebe	6V 2R
Leistung	55 PS
Hubraum	10338 ccm
Zylinder	1
Höchstgeschwindigkeit	20 km/h
Länge	3390 mm
Gewicht	3500 kg

89 Lanz HR 8, D 9532

Der D 9532 gehörte zu den letzten Verkehrs-Bulldogs der Nachkriegszeit.

Für Transportaufgaben wurden in den 1950er-Jahren auch außerhalb der Landwirtschaft noch oft Traktoren eingesetzt. Deshalb brachte Lanz 1951 gleich drei Verkehrs-Bulldogs auf den Markt. Der D 9532 war mit seinen 45 PS der Stärkste. Die Höchstgeschwindigkeit, die er auf der Straße erreichte, lag bei 22 Stundenkilometern. Die Vorderachse war standardmäßig gefedert. Für ein angenehmes Fahren sorgte auch der verstellbare gepolsterte Schwingfedersitz.

TECHNISCHE DATEN	
Bauzeit	Ab 1951
Motor	Lanz Glühkopfmotor
Getriebe	6V 2R
Leistung	45 PS
Hubraum	10338 ccm
Zylinder	1
Höchstgeschwindigkeit	22 km/h
Länge	3508 mm
Gewicht	3470 kg

MAN AS 325 H

Vor dem Zweiten Weltkrieg hatte MAN im Segment der Landtechnik vor allem Großbetriebe im Auge. Doch 1945 änderten sich die Rahmenbedingungen in der Kundschaft, die Zahl der Großbetriebe war deutlich geringer. So griff man auf ein Projekt von 1941 zurück und baute ab 1947 den AS 325 H mit einem kleinen Vierzylinder-Motor, der 25 PS leistete. Dieses Aggregat zeichnete sich durch hervorragende Betriebseigenschaften aus: hohe Laufruhe, geringe Geräuschentwicklung, niedrige Verbrauchskosten und enorme Leistung. Es arbeitete nach dem von MAN entwickelten „G“-Verfahren mit Kugelbrennraum im Kolben und Direkteinspritzung. Das Fünfgang-Getriebe stammte von ZF. Der AS 325 bekam ein reichhaltiges Zubehör wie Riemenscheibe, Zapfwelle, Mähantrieb, Differenzialsperre und eine Vorderachsfederung.

▶ Wussten Sie schon?

Die Allradversion dieses Modells war der erste serienmäßig gebaute Allradschlepper in Deutschland.

TECHNISCHE DATEN	
Bauzeit	1951–1952
Motor	D 8814
Getriebe	5V 1R
Leistung	25 PS
Hubraum	2676 ccm
Zylinder	4
Höchstgeschwindigkeit	20 km/h
Länge	3015 mm
Gewicht	1800 kg

Bereits 1941 wurde ein Prototyp des AS 325 vorgestellt, der als leichterer Universalschlepper neben das 50-PS-Modell AS 250 gestellt werden sollte.

Mit dem AS 330 A etablierten sich die „Ackerdiesel" von MAN endgültig und für das Unternehmen war klar, dass man diesen Produktionszweig weiter ausbauen wollte.

91 MAN AS 330 A

Bei MAN war man von dem Allradprinzip überzeugt und setzte es als erstes und lange Zeit einziges Unternehmen in Deutschland konsequent um. Die Hinterradmodelle galten lediglich als die billigeren Varianten der Allradtraktoren. 1950 wurde aus dem AS 325 mit einem stärkeren Motor der 30 PS starke AS 330 entwickelt, den es ebenfalls mit Allrad- und Hinterradantrieb gab. Der Motor war leistungsstark, geräuscharm und zuverlässig. Der AS 330 hatte das bewährte Fünfgang-Getriebe A 15 von ZF. Neben dem Zubehör der Vorgänger war jetzt auch auf Wunsch ein hydraulischer Kraftheber im Angebot. Die AS-Familie wurde bis Mitte der Fünfzigerjahre mit Modellen zwischen 18 und 40 PS erweitert.

TECHNISCHE DATEN	
Bauzeit	1951–1952
Motor	D 9214 f
Getriebe	5V 1R
Leistung	30 PS
Hubraum	2925 ccm
Zylinder	4
Höchstgeschwindigkeit	20 km/h
Länge	3015 mm
Gewicht	1930 kg

Nordtrak Stier 18

In den Nachkriegsjahren begann Georg R. Wille mit Teilen ausrangierter Jeeps seine Schlepperproduktion. Es waren zunächst einachsige Schlepper und Kleinmotorpflüge, sogenannte „Gerwi-Stiere", die er zusammenbaute. 1948 stellte er unter Verwendung des verkürzten Fahrgestells eines Jeeps seinen ersten Allradtraktor her. 1950 trat der Kaufmann Franz Westermann in das Unternehmen ein, und kurz darauf erfolgte die Umbenennung in „Norddeutsche Traktorenfabrik". Zum Produktionsprogramm von Nordtrak gehörten neu entwickelte Allradmodelle in Halbrahmenbauweise. Der Stier 18 wurde mit einem 16 PS starken Hatz-Dieselmotor ausgestattet. Verkauft wurden die Modelle vor allem ins Ausland.

▶ Wussten Sie schon?
Die vier gleich großen Räder des Stier 18 sorgten für eine hohe Traktion und einen verringerten Bodendruck.

TECHNISCHE DATEN	
Bauzeit	1951–1953
Motor	Hatz B1S
Getriebe	5V 1R
Leistung	16 PS
Hubraum	1470 ccm
Zylinder	1
Höchstgeschwindigkeit	20 km/h
Länge	k.A.
Gewicht	1590 kg

Für den Nordtrak Stier 18 wurden Achsen aus leichten Militärlastwagen verwendet.

93 Lanz A 1205

Der anfällige Motor des A 1205 hatte für Lanz einen Vertrauensverlust zur Folge.

Als Lanz 1951 auf der DLG-Wanderausstellung in Hamburg den Motorgeräteträger, den man später Alldog nannte, dem staunenden Publikum vorstellte, erregte man bei den Landwirten und Fachleuten Aufsehen. Für das Mannheimer Unternehmen hätte das neue Traktorkonzept eine Schicksalswende sein können, denn der Alldog ermöglichte ein Arbeiten mit Geräten an mehreren Anbauräumen. Aber beim A 1205, dem ersten Alldog-Modell, zeigte sich, dass der 12-PS-Vergasermotor von TWN zu schwach und zu anfällig war.

TECHNISCHE DATEN	
Bauzeit	1951–1953
Motor	TWN Gemo 450
Getriebe	5V 1R
Leistung	12 PS
Hubraum	446 ccm
Zylinder	1
Höchstgeschwindigkeit	19,5 km/h
Länge	3650 mm
Gewicht	1170 kg

94 Normag NG 16 – Faktor I

Der Faktor I aus dem Jahr 1951 war der erste luftgekühlte Traktor der Firma Normag.

Normag war immer für besonders interessante Neuentwicklungen bekannt gewesen, die später Einzug bei vielen anderen Marken hielten. Der Faktor I bot unter anderem eine vordere Zapfwelle oder einen pneumatischen Kraftheber, dessen Druckluft auch zum Befüllen der Reifen, zum Kippen oder zum Bremsen von Anhängern verwendet werden konnte. Der NG 16 hatte einen luftgekühlten Einzylinder-Motor, bei dem die Kühlung mittels eines Axialgebläses erfolgte. Der Faktor I wurde auch als Schmalspurschlepper gebaut.

TECHNISCHE DATEN	
Bauzeit	1951–1954
Motor	Normag BM 15
Getriebe	5V 1R
Leistung	15 PS
Hubraum	1180 ccm
Zylinder	1
Höchstgeschwindigkeit	19 km/h
Länge	2450 mm
Gewicht	1260 kg

95

Fahr D 17 NH

Fahr ersetzte 1951 sein erfolgreiches Modell D 15 durch den D 17, der eine etwas höhere Leistung bot. Zwei Jahre später bekam dieser Typ den neuen Güldner-Dieselmotor 2 DN und erhielt einen Namen: D 17 N, die Hochradversion hieß D 17 NH. Dieser wassergekühlte Zweizylinder-Motor leistete bei 1.800 Umdrehungen 17 PS. Fahr hatte ein Fünfgang-Getriebe eingebaut. Die roten Fahr D 17 hatten ihren schärfsten Konkurrenten in dem orangefarbenen AP 17 Allgaier System Porsche.

Der D 17 in allen seinen Varianten gehörte zu den erfolgreichsten Fahr-Schleppern.

TECHNISCHE DATEN

Bauzeit	1951–1953
Motor	Güldner 2 D 15
Getriebe	5V 1R
Leistung	17 PS
Hubraum	1304 ccm
Zylinder	2
Höchstgeschwindigkeit	20 km/h
Länge	2570 mm
Gewicht	1165 kg

96

Allgaier AP 17 S Weinberg

Auf der Grundlage des Erfolgstraktors AP 17, den Allgaier nach einer Konstruktion des Büros Porsche baute, wurde eine Version konstruiert, die eine Spurweite von gerade mal 790 mm besaß. Bei Bedarf konnte sie auf 1.250 mm verbreitert werden. Die Scheinwerfer, die beim Standardmodell auf zwei Trägern montiert waren, wurden beim AP 17 S direkt an der Motorhaube befestigt. Der Zweizylinder-Motor entsprach – wie die meisten Bauteile – dem des AP 17. 1951 fand eine Überarbeitung des AP 17 statt, die auch beim Weinbergschlepper übernommen wurden.

Dieser sehr schmale Weinberg-schlepper wurde aus dem AP 17 weiterent-wickelt.

TECHNISCHE DATEN

Bauzeit	1951–1954
Motor	Allgaier AP 17
Getriebe	5V 1R
Leistung	18 PS
Hubraum	1374 ccm
Zylinder	2
Höchstgeschwindigkeit	19,4 km/h
Länge	2550 mm
Gewicht	950 kg

97

Kögel K 25

Die Münchner Firma Kögel hat zwischen 1949 und 1954 Traktoren gebaut. Dann war Schluss, denn die Baumaschinen, die das eigentliche Kompetenzgebiet der Firma waren, versprachen bessere Gewinne. Als Zielgruppe für die Kögel-Traktoren galten die kleinen Landwirte des bayerischen Voralpenlandes. Tatsächlich konnte das Münchner Unternehmen regional einen beträchtlichen Erfolg erzielen. 1950 lag Kögel an 19. Stelle in der Zulassungsstatistik. Im Jahr 1951 stellte Kögel das Modell K 25 vor. Es handelte sich um einen 22-PS-Schlepper, der von einem wassergekühlten Zweizylinder-Motor von Henschel angetrieben wurde. Die Wahl dieses Lieferanten war in der Traktorenbranche nur selten anzutreffen. Zu den eigenen Entwicklungen von Kögel gehörten die optionale gefederte Pendel-Vorderachse und eine Kögel-Hydraulik, mit der die Anbaugeräte und der Mähbalken gehoben und gesenkt werden konnten. Der K 25 wurde lediglich bis 1954 hergestellt. Der Traktorenbau bei Kögel wurde zu dieser Zeit ein Opfer der einsetzenden Marktkonsolidierung.

Wussten Sie schon?
Nur fünf Jahre produzierte das Münchner Unternehmen Traktoren. Der K 25 war bis zuletzt im Programm.

TECHNISCHE DATEN

Bauzeit	1951–1954
Motor	Henschel 515 DE
Getriebe	5V 1R
Leistung	22 PS
Hubraum	1590 ccm
Zylinder	2
Höchstgeschwindigkeit	20 km/h
Länge	2780 mm
Gewicht	1300 kg

Kögel hatte eine gelungene gefederte Pendelvorderachse entwickelt, die aber einen Aufpreis kostete.

Hürlimann H 12

98

Der schweizerische Traktorbauer Hürlimann stellte 1952 einen ungewöhnlichen Traktor vor: Der H 12 war einer der wenigen mit einem Vergasermotor gebauten Traktoren in Europa. Nach dem Krieg gab es so etwas fast nirgendwo mehr. Sein wassergekühlter

Mit dem Modell H 12 versuchte Hürlimann, den Vergasermotor im Traktorbau wiederzubeleben.

Vierzylindermotor leistete bei 1.700 U/min 30 PS. Die Firma Hürlimann fertigte praktisch alle Bauteile selbst an und baute sie in sorgfältiger Handarbeit zusammen.

TECHNISCHE DATEN	
Bauzeit	Ab 1952
Motor	Viertakt-Petrol
Getriebe	5V 1R
Leistung	30 PS
Hubraum	2837 ccm
Zylinder	1
Höchstgeschwindigkeit	k.A.
Länge	k.A.
Gewicht	1470 kg

Sülchgau 5

99

Alfons Schultheiss, der Inhaber der Sülchgau-Maschinenfabrik, soll nachts konstruiert haben und tagsüber wurden seine Ideen dann in dem kleinen Unternehmen in Rottenburg am Neckar umgesetzt. Insgesamt sollen bei Sülchgau etwa 40 Traktoren in echter

Das hier abgebildete Modell stand im Technischen Bauernmuseum von Nendingen bei Tuttlingen an der Donau.

Handarbeit gefertigt worden sein. Dieser Sülchgau 5 hat einen Güldner-Motor mit 10 PS, wiegt gerade mal 720 kg und ist mit einem Getriebe der Zahnradfabrik Passau ausgestattet. Baujahr dieses extrem seltenen Modells ist 1952.

TECHNISCHE DATEN	
Bauzeit	1952
Motor	k.A.
Getriebe	k.A.
Leistung	10 PS
Hubraum	k.A.
Zylinder	1
Höchstgeschwindigkeit	k.A.
Länge	k.A.
Gewicht	k.A.

100

Eicher L 40

Eicher trat mit diesem Modell in die Riege der Erbauer von Großtraktoren ein.

Mit diesem Modell hatte Eicher seinen ersten Dreizylinder-Schlepper gebaut. Allerdings mussten die Oberbayern hierfür auf einen Fremdmotor ausweichen. Das war der F3L 514 von Deutz. Mit einem Hubraum von 3.990 ccm und 42 PS war dieser Großschlepper für anspruchsvolle Arbeiten in landwirtschaftlichen Großbetrieben konzipiert worden. Ab 1954 wurde die PS-Leistung sogar auf 45 angehoben. Zwei Jahre später löste ein anderer den L 40 als größten Eicher ab: der L 60.

TECHNISCHE DATEN

Bauzeit	1951–1956
Motor	Deutz F3L 514
Getriebe	5V 1R
Leistung	42 PS
Hubraum	3990 ccm
Zylinder	3
Höchstgeschwindigkeit	19 km/h
Länge	3300 mm
Gewicht	2350 kg

101

Fendt F 40 U

Der erste Großschlepper von Fendt mit Namen F 40 U wurde 1958 vom Favorit 1 abgelöst.

Dieser 1951 vorgestellte Traktor war das größte, schwerste und leistungsstärkste Dieselross, das je gebaut wurde. Erstmals verwendete Fendt einen Dreizylinder-Diesel und erreichte 40 PS. Dieses Modell war für Großbetriebe und zur gewerblichen Nutzung vorgesehen. Eine Besonderheit war die kupplungsunabhängige hintere Zapfwelle. Gegen Aufpreis konnte man sich eine Vielzahl von Ausstattungswünschen erfüllen, so ein Allwetterverdeck, Blinker, Rückspiegel, Seilwinde, Anhängerkupplung, Reifenfüllpumpe oder einen Tacho.

TECHNISCHE DATEN

Bauzeit	1951–1958
Motor	MWM KDW 415 D
Getriebe	6V 2R
Leistung	40 PS
Hubraum	3534 ccm
Zylinder	3
Höchstgeschwindigkeit	20 km/h
Länge	3600 mm
Gewicht	2030 kg

Lanz D 1706

Als erfolgreichstes Modell der Halbdiesel-Baureihe von Lanz erwies sich der D 1706.

Lanz kündigte sie 1952 als „bahnbrechende Entwicklung im Ackerschlepperbau" an. Was damit gemeint war, waren die Halbdiesel-Motoren, mit denen Lanz endlich begann von den Glühkopfmotoren Abschied zu nehmen. Der D 1706 war das kleinste unter den Modellen, die im November dieses Jahres auf den Markt kamen. Der kleine Schlepper war äußerlich an Speichenrädern und an der Lenksäule, die an der Motorhaube vorbeiführte, zu erkennen. Zur Ausstattung gehörten eine Riemenscheibe, eine Zapfwelle, ein Wagenheber und ein Zughaken. Mit 7.328 verkauften Exemplaren erwies sich der kleine Allzweckschlepper als erfolgreichstes Mitglied der Halbdiesel-Baureihe.

▶ Wussten Sie schon?

Die Lenksäule, die an der Motorhaube vorbeiführte, war ein typisches Merkmal des D 1706.

TECHNISCHE DATEN

Bauzeit	1952–1955
Motor	Lanz Zweitakt-Dieselmotor
Getriebe	6V 2R
Leistung	17 PS
Hubraum	2256 ccm
Zylinder	1
Höchstgeschwindigkeit	18,8 km/h
Länge	2730 mm
Gewicht	1310 kg

103 Fendt Dieselross F 15

Auf der DLG-Landesmaschinenschau von 1949 stellte Fendt sein erstes neu entwickeltes Nachkriegs-Dieselross vor, den F 15. Dieses 15-PS-Modell war speziell auf Klein- und Mittelbetriebe ausgerichtet. Der Motor, ein stehender Viertakt-Diesel, stammte von MWM. Der F 15 verfügte über ein Viergang-Blockgetriebe mit Differenzialsperre, eine Innenbacken-Servobremse und eine Zapfwelle. Als Sonderausstattung waren ein elektrischer Anlasser, eine Seilwinde, ein geschlossenes Fahrerhaus mit Allwetterverdeck sowie ein Kotflügelsitz für zwei Personen erhältlich. 1951 folgte mit dem F 15 G und der Ausführung als Hackfruchtschlepper mit hohen Hinterrädern F 15 H eine verbesserte Version.

TECHNISCHE DATEN	
Bauzeit	1951–1956
Motor	MWM KDW 415 E
Getriebe	4V 1R
Leistung	15 PS
Hubraum	1153 ccm
Zylinder	1
Höchstgeschwindigkeit	19 km/h
Länge	2435 mm
Gewicht	1150 kg

Die neu gestylte Kühlerhaube war runder als die der Vorgängermodelle und wurde bis 1958 bei sämtlichen neuen Modellen verwendet.

Bautz AS 120

Mit dem AS 120 gelang Bautz ein hervorragender leichter Bauernschlepper, der auf kleineren Höfen alle anstehenden Arbeiten erledigen konnte.

Der AS 120 hatte seinen Ursprung bei der Firma Zanker. Dort hatte man nach dem Krieg im Traktorenbau ein gutes Geschäft gesehen und ein Modell konstruiert, das wegen seines Zweitakt-Motors den Anforderungen der Landwirte nicht voll entsprach. Bautz übernahm kurzerhand die Baurechte, um neben seinen Landmaschinen auch Traktoren anbieten zu können. Das Zanker-Modell wurde überarbeitet und seine Schwachstelle durch einen Einzylindermotor von MWM ersetzt. Das Zubehör war eindrucksvoll: Fünfgang-Getriebe mit serienmäßigem Kriechgang, Zapfwelle und Mähantrieb. Dazu konnte man passende Arbeitsgeräte aus dem Bautz-Sortiment kaufen. Der AS 120 war ein toller Kleinschlepper für den Einstieg in die Motorisierung und wurde deshalb gern gekauft.

▶ Wussten Sie schon?
Der AS hatte zuerst nur 12 PS. Doch schnell wurde seine Leistung auf 14 PS erhöht.

TECHNISCHE DATEN

Bauzeit	1951–1956
Motor	MWM KDW 415 E
Getriebe	5V 1R
Leistung	14 PS
Hubraum	1178 ccm
Zylinder	1
Höchstgeschwindigkeit	19,7 km/h
Länge	2400 mm
Gewicht	970 kg

105

Kramer K 15

Der K 15 wurde zu einem der großen Verkaufshits von Kramer.

Eines der erfolgreichsten Modelle des Schlepperbooms war der in Blockbauweise konstruierte K 15, der ein Jahr später einen Bruder mit besserem Getriebe bekam. Dieser wendige Bauernschlepper hatte den wassergekühlten MWM-Motor KD 211 Z, der bei einer Drehzahl von 2.000 U/min 15 PS brachte. Das Fünfgang-Getriebe stammte von ZF. Das Modell K 15 gab es von 1954 bis 1959. Mit längerem Radstand gab es ihn ab dem Jahr 1955 auch als KA 15. Sein Verkaufsgebiet blieb hauptsächlich auf den süddeutschen Raum beschränkt.

TECHNISCHE DATEN	
Bauzeit	1951–1956
Motor	MWM KD 211 Z
Getriebe	5V 1R
Leistung	15 PS
Hubraum	1250 ccm
Zylinder	2
Höchstgeschwindigkeit	20 km/h
Länge	2830 mm
Gewicht	970 kg

106

Röhr 20 RE

Der 20 RE leistete bei einer Drehzahl von 1.600 Umdrehungen pro Minute 20 PS.

Der 20 RE war ein Röhr-Traktor, der für kleine und mittlere landwirtschaftliche Betriebe konstruiert war. Der 20-PS-Schlepper wurde ab 1952 in Landshut hergestellt. Unter der Motorhaube arbeitete ein einzylindriger MWM-Motor. Das Getriebe verfügte über fünf Vorwärtsgänge und einen Rückwärtsgang. Eine überregionale Bedeutung erlangte der Röhr-Schlepper nicht.

TECHNISCHE DATEN	
Bauzeit	1952–1954
Motor	MWM KDW 615 E
Getriebe	5V 1R
Leistung	20 PS
Hubraum	1480 ccm
Zylinder	1
Höchstgeschwindigkeit	20 km/h
Länge	k.A.
Gewicht	1540 kg

Lanz D 2806

Ungefähr zehn Hektar konnte der D 2806 mit dem Grubber am Tag schaffen.

Das stärkste unter den drei Modellen, mit denen Lanz 1952 die Halbdiesel-Baureihe einführte, war der D 2806. Der 18-PS-Schlepper besaß an der Hinterachse Speichenräder mit Breitbettfelgen. Die Spurweite war verstellbar. Auf Wunsch konnte der Schlepper mit einer Windschutzscheibe und einem wasserdichten Dach ausgerüstet werden. Für den Einsatz bei Regen waren auch ein Seiten- und ein Rückenschutz verfügbar. Neben der Normalausführung war der Schlepper mit anderen D-Nummern als Weinberg-, Reihenfrucht- und Verkehrsschlepper erhältlich. Eine spezielle Exportversion wurde ebenfalls hergestellt. Der D 2806 wurde bis 1955 produziert und dann von einem Volldiesel-Modell abgelöst.

Wussten Sie schon?

Der Lanz D 2806 war eine kräftige Arbeitsmaschine, die durch ihre Zuverlässigkeit glänzte.

TECHNISCHE DATEN

Bauzeit	1952–1955
Motor	Lanz Zweitakt-Dieselmotor
Getriebe	6V 2R
Leistung	28 PS
Hubraum	3711 ccm
Zylinder	1
Höchstgeschwindigkeit	18,5 km/h
Länge	3165 mm
Gewicht	2140 kg

108 Allgaier A 111

Der A 111 kostete nur 3.800 DM: ein hervorragendes Preis-Leistungsverhältnis.

Dieses Modell war der kleinste der zweiten Traktorgeneration, die Porsche für Allgaier entworfen hatte. Es gab ihn in drei Versionen: das Basismodell von 1952, das verkürzte mit dem Zusatz „V" ab 1954 und 1955 ein überarbeitetes Modell, das etwas länger war und den Zusatz „L" erhielt. Für den als Tragschlepper (nicht der V!) konzipierten A 111 gab es eine umfangreiche Zusatzausrüstung wie Riemenscheibe, angetriebene Zapfwelle und hydraulischen Kraftheber mit Dreipunktaufhängung.

TECHNISCHE DATEN	
Bauzeit	1952–1955
Motor	Allgaier A 111
Getriebe	4V 4R
Leistung	12 PS
Hubraum	822 ccm
Zylinder	1
Höchstgeschwindigkeit	16,5 km/h
Länge	2495 mm
Gewicht	890 kg

109 Ursus C 10 Bambi

Der Ursus C 10 Bambi war ein sehr innovatives Fahrzeug, verkaufte sich aber nur 350-mal.

Das in Wiesbaden ansässige Unternehmen Ursus – nicht zu verwechseln mit dem polnischen Hersteller Ursus – brachte 1952 einen mit Allradantrieb ausgestatteten Kleinschlepper auf den Markt. Zu den Besonderheiten des C 10 Bambi zählten das Wendegetriebe mit vier Gängen in beide Fahrtrichtungen und der Fahrersitz, der um die Lenksäule geschwenkt werden konnte, so dass ein bequemes Arbeiten in beide Richtungen möglich war.

TECHNISCHE DATEN	
Bauzeit	1952–1959
Motor	Stihl 131
Getriebe	4V 4R
Leistung	10 PS
Hubraum	760 ccm
Zylinder	1
Höchstgeschwindigkeit	15 km/h
Länge	k.A.
Gewicht	650 kg

110

IFA RS 08/15 – Maulwurf

Zwar waren schon unter den ersten Konstruktionen von Porsche Geräteträger, doch allgemein wird die Erfindung Egon Scheuch zugesprochen, der 1949 den RS 08/15 mit dem Beinamen Maulwurf entworfen hat. Wichtigste Entdeckung war der eine Zentralholm.

TECHNISCHE DATEN	
Bauzeit	1952–1956
Motor	Zweitakt-Vergasermotor
Getriebe	8V 1R
Leistung	15 PS
Hubraum	690 ccm
Zylinder	2
Höchstgeschwindigkeit	15 km/h
Länge	3320 mm
Gewicht	1300 kg

Der erste Geräteträger der DDR litt an der falschen Motorwahl und wurde bald aufgegeben.

Erst 1953 kam es zur industriellen Fertigung. Leider war der verwendete Zweizylinder-Zweitakt-Vergasermotor, der vorher schon DKW-Personenkraftwagen antrieb, viel zu schwach.

111

Bautz AS 122

Der AS 122 entsprach weitgehend dem ein Jahr früher vorgestellten AS 120 von Bautz – mit einem entscheidenden Unterschied: Man hatte ihm, einem Trend der Zeit folgend, einen luftgekühlten Motor eingebaut. Serienmäßig hatte das Modell AS 122 ein Vier-

TECHNISCHE DATEN	
Bauzeit	1952–1960
Motor	MWM AKD 112 E
Getriebe	4V 1R
Leistung	12 PS
Hubraum	905 ccm
Zylinder	1
Höchstgeschwindigkeit	15,3 km/h
Länge	2345 mm
Gewicht	830 kg

Der Bautz AS 122 war die erfolgreichere luftgekühlte Variante des AS 120.

gang-Getriebe, das auf Wunsch auch durch eines mit fünf Gängen ersetzt werden konnte. Mit 830 kg war er ein Leichtgewicht. Der AS 122 wurde vier Jahre länger gebaut als der AS 120.

112

Allgaier A 16

Was Allgaier 1952 fehlte, war ein Schlepper in der bestverkauften Leistungsklasse, im Bereich um 15 PS. Diese Lücke füllte der A 16. Sein stehender Einzylindermotor hatte eine Thermosyphonkühlung, konnte aber auf Pumpenumlaufkühlung umgebaut werden. Besonders der niedrige Kraftstoffverbrauch des Motors war bei Tests aufgefallen. Der A 16 hatte eine Normzapfwelle und eine fahrabhängige Zapfwelle. Eine Riemenscheibe konnte auf die Zapfwelle aufgesteckt werden. 1953 wechselte Allgaier die Fahrerhaube und stieg von der Version des AP 17 auf die Haube um, deren Form später auch die Schlepper von Porsche-Diesel hatten. Um den Traktor möglichst billig zu machen, wurde ein elektrischer Anlasser erst gegen Aufpreis verkauft.

▶ Wussten Sie schon?
In Konstruktion und technischer Ausstattung entsprach der A 16 weitgehend dem A 12.

TECHNISCHE DATEN

Bauzeit	1952–1956
Motor	Allgaier A 16
Getriebe	5V 1R
Leistung	16 PS
Hubraum	1192 ccm
Zylinder	1
Höchstgeschwindigkeit	19,3 km/h
Länge	2200 mm
Gewicht	980 kg

Der A 16 füllte bei Allgaier endlich die Lücke im lukrativen Leistungsbereich um 15 PS. Mit dem AP 17 hatte er allerdings die stärkste Konkurrenz im eigenen Haus.

Schlüter AS 15

Der AS 15 war ein kleiner Traktor aus Freising, der auf die Bedürfnisse der kleinen Betriebe ausgerichtet war.

Schlüter begann 1948 die Traktorproduktion, die durch den Zweiten Weltkrieg unterbrochen worden war, wieder aufzunehmen. Es waren die kleinen und mittleren landwirtschaftlichen Betriebe, die von dem nunmehr Freisinger Unternehmen mit Traktoren beliefert wurden. Zur Kategorie der Bauernschlepper gehörte auch der AS 15, der 1953 auf den Markt kam. Einen ähnlichen Schlepper hatte Schlüter mit dem DS 15 bereits im Programm. Der AS 15 war jedoch mit einem moderneren Getriebe von Hurth ausgestattet. Neben der Normalversion des Getriebes mit fünf Vorwärtsgängen und einem Rückwärtsgang stand eine Ausführung mit einem zusätzlichen Schnellgang zur Verfügung. Außerdem konnte der AS 15 auf Wunsch mit einem Wendegetriebe ausgerüstet werden. In diesem Fall konnte der Schlepper in jedem Gang sowohl vorwärts als auch rückwärts gefahren werden. Zur Standardausstattung gehörte eine Zapfwelle, die auch als Wegzapfwelle geschaltet werden konnte.

TECHNISCHE DATEN	
Bauzeit	1953–1956
Motor	Schlüter ASM 15 A
Getriebe	5V 1R
Leistung	15 PS
Hubraum	1506 ccm
Zylinder	1
Höchstgeschwindigkeit	18,6 km/h
Länge	2510 mm
Gewicht	1300 kg

114

Funk Typ 25

Funk gehörte zu den ganz kleinen Traktorherstellern. Die Schlepper aus Irgertsheim sieht man sehr selten.

Zu den kleinen Unternehmen, die zur Zeit des Traktor-Booms der fünfziger Jahre in die Herstellung von Schleppern einstiegen und eine regionale Bedeutung erlangten, gehörte die Firma Xaver Funk aus dem Dorf Irgertsheim, das heute zu Ingolstadt gehört. Funk fertigte mehrere Modelle an, die mit unterschiedlichen Motoren ausgestattet waren. Der Typ 25 wurde von einem Deutz-Dieselmotor angetrieben. Andere Modelle wurden mit MWM-Motoren ausgerüstet. Die Funk-Traktoren sind heute selbst auf Oldtimer-Treffen ein seltener Anblick.

TECHNISCHE DATEN	
Bauzeit	1953
Motor	Deutz F2M 414
Getriebe	k.A.
Leistung	25 PS
Hubraum	2198 ccm
Zylinder	2
Höchstgeschwindigkeit	k.A.
Länge	k.A.
Gewicht	k.A.

115

Fahr D 90

Das abgebildete Modell hat Seltenheitswert, denn der weit überwiegende Teil der Fahr-Schlepper hatte eine rote Lackierung.

Zwischen 1953 und 1956 wurde dieser luftgekühlte Einzylinder-Schlepper mit einer Leistung von 12 PS gebaut. Er sollte im laufenden Schlepperboom die Kleinbauern zur Motorisierung bringen. Die Nummer 90 bezeichnet den Hubraum von 905 Kubikzentimetern unter Fortfall der letzten Ziffer. Es gab dieses Modell auch in einer Hochradversion. Der verwendete MWM-Motor war derselbe wie beim Bautz AS 122.

TECHNISCHE DATEN	
Bauzeit	1953–1956
Motor	MWM AKD 112 E
Getriebe	5V 1R
Leistung	12 PS
Hubraum	905 ccm
Zylinder	1
Höchstgeschwindigkeit	17,8 km/h
Länge	2490 mm
Gewicht	1050 kg

116

Allgaier P 312

Der P 312 wurde vom Konstruktionsbüro Porsche bis 1948 entwickelt. Grundlage war der „Volksschlepper" AP 17 in der Schmalspurversion. Anlass war ein Auftrag aus Brasilien für dortige Kaffee- und Zuckerrohrplantagen. Weil die Diesel-Auspuffgase in den Plantagen unerwünscht waren, setzte Porsche einen luftgekühlten Otto-Motor ein. Dank seiner stromlinienförmigen Vollverkleidung konnten Schäden an Pflanzen und Früchten verhindert werden. Ein wichtiges Zubehör dieses Schleppers war die Bodenfräse des Typs „Ackerwolf".

Mit seinem leuchtend orangeroten Lack der AP-Serie von Allgaier fiel das Fahrzeug überall auf.

TECHNISCHE DATEN

Bauzeit	1953–1954
Motor	Viertakt-Otto-Motor
Getriebe	5V 1R
Leistung	30 PS
Hubraum	1820 ccm
Zylinder	2
Höchstgeschwindigkeit	23 km/h
Länge	2960 mm
Gewicht	1275 kg

117

IHC DLD 2

Der DLD 2 war das leichteste der drei Modelle, deren Bau IHC 1953 in Neuss am Rhein begann. Die Abkürzung DLD stand für „Deutscher Leicht-Diesel". Ein anderer Name für das Zweizylinder-Modell war „Farmall-Dieselschlepper". Auf der Motorhaube stand oft noch McCormick. Dies war eines der Unternehmen, aus denen IHC entstanden war. Der DLD 2 war ein Allzwecktraktor für den kleinen Hof. Der 14 PS starke IHC-Motor war wassergekühlt. Etwa 5.480 Exemplare wurden gebaut.

Der DLD 2 gehörte zu den typischen Bauernschleppern der fünfziger Jahre.

TECHNISCHE DATEN

Bauzeit	1953–1956
Motor	IHC DD-66
Getriebe	5V 1R
Leistung	14 PS
Hubraum	1088 ccm
Zylinder	2
Höchstgeschwindigkeit	19 km/h
Länge	2460 mm
Gewicht	900 kg

118

IHC DED 3

Mit drei Modellen erneuerte International Harvester 1953 das auf den deutschen Markt ausgerichtete Schlepperprogramm. Der DED 3 nahm in Bezug auf die Motorleistung die mittlere Position ein. Der „Deutsche Einheits-Diesel", wie der Schlepper genannt wurde, war mit einem Dreizylinder-Motor von IHC ausgestattet. Das Getriebe stammte ebenfalls aus eigener Produktion. Zum Anbauen und Anhängen von Arbeitsgeräten gab es wahlweise eine Dreipunktaufhängung, eine Anhängeschiene oder einen sogenannten Normschwingrahmen, mit dem Pferdezuggeräte angehängt werden konnten. Der DED 3 wurde bis 1956 produziert. Die Anzahl der hergestellten Exemplare lag bei ungefähr 8.650 Exemplaren.

TECHNISCHE DATEN	
Bauzeit	1953–1956
Motor	IHC DD-99
Getriebe	5V 1R
Leistung	20 PS
Hubraum	1631 ccm
Zylinder	3
Höchstgeschwindigkeit	20 km/h
Länge	2730 mm
Gewicht	1230 kg

Der DED 3 nahm die Rolle des Mittelklassetraktors unter den drei in Neuss am Rhein hergestellten IHC-Schleppern ein.

Der EKL 15 war mit über 12.700 Exemplaren der meistverkaufte Eicher-Schlepper.

119

Eicher EKL 15

Der ED 16/II war 1953 auf die höhere Leistung von 19 PS gebracht worden. Damit riss er bei Eicher im Leistungsbereich um 15 PS eine Lücke, die der EKL 15 ausfüllen sollte. Er hatte zwar andere Abmessungen, aber doch die Leistungsdaten des alten ED 16, auch den gleichen Motor. Dennoch war er mit den Siglen eines nicht von Eicher stammenden luftgekühlten Dieselmotors getauft worden, eben EKL nicht ED. Im Export hieß er aber nur E 17 mit der höheren PS-Angabe nach SAE.

Es gab dieses Modell in zwei Varianten. Der EKL 15/I wurde mit ZF-Getriebe ausgeliefert. Wichtiger war der EKL 15/II mit einem Fünfgang-Getriebe von Hurth. Als wartungsfreundlich erwies sich die zum ersten Mal in einem Eicher-Schlepper verbaute klappbare Motorhaube. Der EKL 15 war der meistverkaufte Schlepper von Eicher und lag mit über 12.700 gebauten Exemplaren deutlich vor allen anderen Modellen der Firmengeschichte.

▶ Wussten Sie schon?
Auf der Grundlage des EKL 15/II schuf Eicher den G 19 Kombi, den ersten Geräteträger der Firma.

Bis 1958 wurde der EKL 15 gebaut und dann durch den ED 110/II ersetzt.

TECHNISCHE DATEN	
Bauzeit	1953–1958
Motor	Eicher ED 1 a
Getriebe	5V 1R
Leistung	16 PS
Hubraum	1425 ccm
Zylinder	1
Höchstgeschwindigkeit	18 km/h
Länge	2480 mm
Gewicht	1458 kg

120 Hanomag R 35/45

Der Hanomag R 35/45 war der erste Traktor mit Roots-Gebläse.

Bei diesem Modell setzte Hanomag erstmals ein Roots-Gebläse ein. Dieses konnte die Motorleistung ohne eine Erhöhung der Drehzahl von 35 auf 45 PS erhöhen, daraus resultiert der Name dieses Schleppers. Die Leistungssteigerung gelang durch eine Erhöhung der eingespritzten Kraftstoffmenge. Das Roots-Gebläse presste die gleichzeitig erforderliche höhere Luftmenge in die Vorkammer. Damit konnten auch schwere Mähdrescher gezogen werden.

TECHNISCHE DATEN	
Bauzeit	1953–1957
Motor	Hanomag D 28 LA R
Getriebe	5V 1R
Leistung	45 PS
Hubraum	2799 ccm
Zylinder	4
Höchstgeschwindigkeit	18 km/h
Länge	3050 mm
Gewicht	1920 kg

121 Hanomag R 12

Der R 12 hatte einen unausgereiften Zweitaktmotor, wurde aber denoch häufig verkauft.

Hanomag wollte ebenfalls vom Geschäft mit den leichten Tragschleppern profitieren und entwickelte einen kleinen Zweitakt-Motor, der 1953 im neuen R 12 erstmals eingesetzt wurde. Das optisch den anderen Modellen wie dem R 16 angepasste Fahrzeug hatte die Möglichkeit, im Zwischenachsbereich Arbeitsgeräte einzubauen. Mit lediglich 820 Kilogramm Eigengewicht gehörte der R 12 zu den leichtesten Standardschleppern. Der Motor erwies sich allerdings als Problem.

TECHNISCHE DATEN	
Bauzeit	1953–1957
Motor	Hanomag D 611 S
Getriebe	6V 2R
Leistung	12 PS
Hubraum	508 ccm
Zylinder	1
Höchstgeschwindigkeit	17 km/h
Länge	2730 mm
Gewicht	820 kg

122

Eicher EKL 11

Da bei Eicher selbst kein Kleindiesel-Motor zur Verfügung stand, bezog man den F1L 612 von Deutz mit einem Hubraum von nur 763 ccm, um mit dem EKL 11 einen 11-PS-Schlepper in der Tradition des legendären „Elfer-Deutz" zu präsentieren. Er war als Einstiegsmodell gedacht. Der EKL 11 bot Riemenscheibe, Zapfwelle und eine doppelte Vorderachsfederung. Eicher stellte Varianten mit Renk-Getriebe (EKL 11/I) und Getriebe von ZF (EKL 11/II) her.

TECHNISCHE DATEN

Bauzeit	1953–1957
Motor	Deutz F1L 612
Getriebe	5V 1R
Leistung	11 PS
Hubraum	763 ccm
Zylinder	1
Höchstgeschwindigkeit	19 km/h
Länge	2450 mm
Gewicht	950 kg

Dieses Einstiegsmodell von Eicher konnte in vier Jahren 3.000-mal verkauft werden.

123

Burischek Kleinland 15 PS

Eine echte Rarität sind die Kleinland-Schlepper aus dem schwäbischen Breitenbrunn bei Mindelheim. Burischek hatte nach dem Krieg begonnen, Traktoren aus dem Fahrwerk von Jeeps der US Army herzustellen. Das besondere Plus dieser Schlepper war ihr Allradantrieb. Die Vorderachse war auch gefedert. Diese Fahrzeuge wurden hauptsächlich regional verkauft. Die 1954/55 gebaute Variante Kleinland 15 PS hatte einen Zweizylinder-Motor von MWM.

TECHNISCHE DATEN

Bauzeit	Ab 1954
Motor	MWM AKD 311 Z
Getriebe	5V 1R
Leistung	15 PS
Hubraum	1400 ccm
Zylinder	2
Höchstgeschwindigkeit	20 km/h
Länge	k.A.
Gewicht	1040 kg

Der Kleinland war auf einem Jeep-Fahrgestell aufgebaut. Der Vorteil war sein Allradantrieb.

124 Güldner ADN

Das bestverkaufte Modell der „Haifischmäuler" war der ADN, der 1953 auf den Markt kam und den ersten Nachkriegsschlepper A 15 ersetzte.

Der Motorenbauer Güldner hatte bereits seit 1937 Traktoren in seinem Programm. Nach dem Krieg wurden neue Modelle entwickelt, die alle eine charakteristische, neu gestaltete Motorverkleidung besaßen: das legendäre „Haifischmaul".

> **Wussten Sie schon?**
> Ab 1954 gab Güldner auch eine luftgekühlte Version heraus, den ALD. Dieser Schlepper erreichte allerdings nicht annähernd die Verkaufswerte des ADN.

Das erfolgreichste Modell der „Haifischmäuler" war der ADN, den Güldner 1953 auf den Markt brachte, um den A 15 zu ersetzen. 1958 bekam der ADN einen verbesserten Motor. Dieser stammte wieder, wie bei fast allen Traktoren aus dem Hause Güldner, aus eigener Fertigung. Der wassergekühlte Zweizylindermotor 2 DN hatte 16 PS. Das standardmäßige Fünfgang-Getriebe konnte auf Wunsch durch eines mit sechs Gängen ersetzt werden. Der ADN hatte einen serienmäßigen Kraftheber.

TECHNISCHE DATEN

Bauzeit	1953–1959
Motor	Güldner 2 DN
Getriebe	5V 1R
Leistung	18 PS
Hubraum	1305 ccm
Zylinder	2
Höchstgeschwindigkeit	19 km/h
Länge	2825 mm
Gewicht	1100 kg

125

Hatz TL 10 – Agricolo

Auch der niederbayrische Hersteller von Kleinmotoren beteiligte sich in den Fünfzigerjahren am Schlepperboom. Sein wichtigstes Modell war der luftgekühlte TL 10 mit dem Beinamen Agricolo. Dieses Modell hatte einen Hubraum von nur 567 Kubik und leistete 10 PS. Für die weniger anspruchsvollen Tätigkeiten eines Zweitschleppers reichte diese Leistung aus. Das Leichtschalt-Viergang-Getriebe stammte von Hurth. Der Agricolo war mit gerade mal 725 Kilogramm ein Floh.

Mit dem „Agricolo" präsentierte Hatz einen der kleinsten Traktoren überhaupt.

TECHNISCHE DATEN	
Bauzeit	1954–1961
Motor	Hatz E 85 B
Getriebe	4V/1R
Leistung	10 PS
Hubraum	567 ccm
Zylinder	1
Höchstgeschwindigkeit	15 km/h
Länge	2450 mm
Gewicht	725 kg

126

Sulzer S 22 W

Die wirklich seltensten Modelle sind solche, die von einer Traktorenfabrik umgebaut und modernisiert wurden. Das hier gezeigte Modell wurde von Sulzer 1954 aus einem gebrauchten wassergekühlten D 40 von Hermann Lanz Aulendorf aus dem Jahr 1940 umgebaut. Der Motor war ein F2M 414 von Deutz. Sulzer passte ihn seinen gleichzeitig gebauten luftgekühlten S 22 L mit Motoren von MWM oder Deutz an. Wichtigste Änderungen waren ein neues Getriebe und ein anderes Design.

Eigentlich ist dies ein Hermann Lanz Aulendorf. Er wurde bei Sulzer zu einem eigenen Modell umgebaut.

TECHNISCHE DATEN	
Bauzeit	1954
Motor	Deutz F2M 414
Getriebe	5V/1R
Leistung	22 PS
Hubraum	2200 ccm
Zylinder	2
Höchstgeschwindigkeit	20 km/h
Länge	k.A.
Gewicht	1820 kg

127

Hummel DT 54

Hummel war als Hersteller von Landmaschinen in Heitersheim/Südbaden von regionaler Bedeutung. Auch Hummel wollte vom Schlepperboom profitieren und bereicherte in den fünfziger und sechziger Jahren den Schleppermarkt mit Kleintraktoren und einachsigen Grasmähern.

TECHNISCHE DATEN	
Bauzeit	1954–1955
Motor	Fichtel & Sachs Zweitakter
Getriebe	6V 2R
Leistung	10 PS
Hubraum	499 ccm
Zylinder	1
Höchstgeschwindigkeit	15 km/h
Länge	k.A.
Gewicht	880 kg

Der DT 54 ist ein 10 PS starker Bauernschlepper, der für den Einsatz auf kleinen Höfen gedacht war. Sein Motor war ein Zweitakter. Gerade in Südwest-Deutschland gab es historisch bedingt sehr viele kleine Betriebe. Man konnte den DT 54, dem Trend der damaligen Zeit folgend, entweder wasser- oder luftgekühlt erwerben. Er ist ein Beispiel für die vielen kleinen Hersteller gerade aus Baden-Württemberg, die leichte Traktoren in relativ geringer Stückzahl produziert haben.

Hummel war bekannt für Dreschmaschinen und Mühlen. Ein- und Zweiachsschlepper wurden in den 1950ern und -60ern gebaut. Der Einzylindermotor des DT 54 hatte einen Hubraum von gerade mal 499 Kubikzentimetern.

Der D 1306 war das erste Lanz-Modell, bei dem ein Fremdmotor zum Einsatz kam.

128

Lanz D 1306

Lanz hatte lange gebraucht, um vom Glühkopf-Motor Abschied zu nehmen. Und als man in Mannheim die Zeichen der Zeit endlich erkannte, ging man nur zögerlich zum Einbau von Dieselmotoren über. 1955 begannen die Konstrukteure von Lanz einige Modelle mit Fremdmotoren auszustatten. Beim D 1306 kam ein Motor zum Einsatz, der von den Triumph-Werken Nürnberg bezogen und in der Lanz-Entwicklungsabteilung den eigenen Bedürfnissen angepasst worden war. Zu den Besonderheiten des Motors gehörte die Luftkühlung, die sich in den fünfziger Jahren bei vielen Herstellern durchzusetzen begann. Allerdings erwies sich der Motor des D 1306 als nicht besonders zuverlässig. Von diesem Kleinschlepper konnten bis Ende 1956 etwa 2.350 Exemplare verkauft werden.

▶ Wussten Sie schon?
Der unzuverlässige Motor schadete nicht nur den Verkaufszahlen des D 1306, sondern auch dem Ansehen von Lanz.

TECHNISCHE DATEN	
Bauzeit	1955–1956
Motor	Lanz-TWN LT 85 D
Getriebe	6V 1R
Leistung	13 PS
Hubraum	533 ccm
Zylinder	1
Höchstgeschwindigkeit	18,5 km/h
Länge	2570 mm
Gewicht	890 kg

Lanz D 1616

Der D 1616 war das kleinste Modell der Baureihe von Volldieselschleppern, die Lanz 1955 einführte. Der liegende Zweitakt-Dieselmotor war von Lanz selbst entwickelt und gebaut worden. Der robuste Kleinschlepper fand vor allem als Allzwecktraktor auf kleinen bäuerlichen Betrieben und als Zweitschlepper auf größeren Höfen ein Zuhause. Er befand sich bis 1960 in Produktion. Bis dahin wurden etwas über 5.800 Exemplare des Bauernschleppers hergestellt. Der Nachfolger war der John Deere-Lanz 100. 1957 wurde der D 1616 mit einer Vorderachse mit Einzelradfederung ausgestattet. Außerdem bekam er ein neues Getriebe, das neun Vorwärts- und zwei Rückwärtsgänge zu bieten hatte. Außerdem wurde er etwas länger, breiter und höher. Zur Standardausstattung des D 1616 gehörten eine elektrische Startanlage, eine Differenzialsperre, ein Fernthermometer und eine Getriebezapfwelle. Das für kleine Betriebe wichtige Balkenmähwerk gehörte zur Sonderausstattung.

TECHNISCHE DATEN

Bauzeit	1955–1960
Motor	Lanz Zweitakt-Dieselmotor
Getriebe	9V 2R
Leistung	16 PS
Hubraum	2256 ccm
Zylinder	1
Höchstgeschwindigkeit	20 km/h
Länge	2763 mm
Gewicht	1470 kg

Der D 1616 erwies sich als robuster Bauernschlepper.

Das Dieselross F 24 wurde zum Vorläufer der berühmten Farmer. Man konnte sich beim Kauf für Wasser- oder Luftkühlung entscheiden. Die wassergekühlte Variante gab es jedoch erst ein Jahr nach der Vorstellung.

130

Fendt Dieselross F 24

Wer das 1954 auf dem Markt eingeführte 24-PS-Dieselross F 24 kaufte, hatte Zugriff auf eine besonders attraktive Zubehörpalette. Die Fendt-Hydraulik-Kraftheberanlage konnte sowohl mit international genormtem Dreipunktgestänge, als auch mit dem in Deutschland genormten Normschwingrahmen für den Vierpunkt-Kraftheber ausgerüstet werden. Die Bruttoanhängelast durfte bis zu 13.500 kg betragen.

Gegen Aufpreis konnte man einen hydraulischen Frontheber bekommen und damit eine Erdschaufel, Mistgabel, Rüben- und Kartoffelgabel, Heugabel, einen Schneepflug, ein Planierschild oder einen Lasthaken anbringen. Der F 24 hatte einen Schnellgang und Kriechgänge.

▶ Wussten Sie schon?

Die reichlichen Anwendungsmöglichkeiten, die der F 24 bot, sollten ihn auch für gewerbliche Zwecke interessant machten.

TECHNISCHE DATEN

Bauzeit	1955–1958
Motor	MWM KD 12 Z (Luft: AKD 112 Z)
Getriebe	6V 2R
Leistung	24 PS
Hubraum	1700 ccm
Zylinder	2
Höchstgeschwindigkeit	20 km/h
Länge	2945 mm
Gewicht	1385 kg

131 Hermann Lanz Aulendorf (Hela) D 117

Das abgebildete Modell besitzt den wassergekühlten MWM-Motor KD 211 Z.

Ab 1958 bot Hela die neue D-Reihe mit drei Ziffern an. Den D 117, das 18-PS-Modell, gab es sogar mit drei verschiedenen Motorvarianten: mit Helas eigenem wassergekühlten Einzylindermotor AE 1 mit 15 PS, dem KD 211 Z von MWM, der ebenfalls wassergekühlt war, aber auf zwei Zylindern die Leistung von 18 PS bot, und dem luftgekühlten Zweizylinder-Motor von MWM, AKD 311 Z. Interessant war die Helamatic, eine Vorrichtung, mit der man das Fahrzeug auch vom Boden aus bedienen konnte.

TECHNISCHE DATEN	
Bauzeit	1955–1959
Motor	MWM KD 211 Z
Getriebe	6V 1R
Leistung	18 PS
Hubraum	1250 ccm
Zylinder	2
Höchstgeschwindigkeit	20 km/h
Länge	2730 mm
Gewicht	1375 kg

132 Lanz Alldog A 1305

Der A 1305 bekam einen neuen Motor, der sich aber ebenfalls als zu schwach erwies.

Mit dem Alldog hatte Lanz ein erfolgversprechendes Konzept vorgelegt. Aber der anfällige und schwache Motor hatte einen Siegeszug des Alldog verhindert. 1955 brachte Lanz mit dem A 1305 das dritte Modell des Geräteträgers auf den Markt. Was ihn von den Vorgängern unterschied, war der weiterentwickelte Motor, bei dem es sich nun um einen Volldiesel handelte. Er erwies sich als zuverlässiger als die Vorgänger, leistete aber nur 13 PS.

TECHNISCHE DATEN	
Bauzeit	1955–1956
Motor	Lanz-TWN LT 85 D
Getriebe	6V 1R
Leistung	13 PS
Hubraum	533 ccm
Zylinder	1
Höchstgeschwindigkeit	18,9 km/h
Länge	3760 mm
Gewicht	1060 kg

Lanz D 6006

Der D 6006 gehörte zu den Halbdiesel-Schleppern, mit denen Lanz in den fünfziger Jahren seine Glühkopf-Bulldogs ersetzte. Sie wurden „Halbdiesel“ genannt, weil für den Startvorgang Benzin verwendet wurde. Erst wenn der Motor lief, wurde auf den Betrieb mit Diesel umgeschaltet. Der D 6006 kam 1955 auf den Markt und gehörte zu den stärksten Modellen der Halbdiesel-Baureihe. Allerdings wurde er in Deutschland kaum verkauft, sondern war vor allem für den Export bestimmt. Sein fast baugleicher Bruder, der D 6016 besaß ein Getriebe mit drei Vorwärtsgängen mehr und sollte die Bedürfnisse der inländischen Kunden befriedigen.

▶ Wussten Sie schon?
Es war ein liegender Zweitakt-Halbdieselmotor mit einem 7,4 Liter großen Hubraum, der den D 6006 antrieb.

TECHNISCHE DATEN

Bauzeit	1955–1962
Motor	Lanz Zweitakt-Halbdiesel
Getriebe	6V 2R
Leistung	60 PS
Hubraum	7372 ccm
Zylinder	1
Höchstgeschwindigkeit	19,7 km/h
Länge	3610 mm
Gewicht	3840 kg

Der 60 PS starke Lanz D 6006 gehörte zu den Großschleppern der fünfziger Jahre.

134 Lanz D 2416

Ein liegender Zweitakt-Dieselmotor diente beim D 2416 als Antrieb.

Zu der Baureihe der Volldiesel-Bulldogs, die Lanz 1955 startete, gehörte der D 2416. Mit seinem liegenden Zweitakt-Dieselmotor erzielte der D 2416 eine Leistung von 24 PS. Als Mittelklasseschlepper besaß er genügend Kraft, um mit einem zweischarigen Pflug problemlos arbeiten zu können. Zur optionalen Ausstattung gehörte die Dreipunktaufhängung. Für Waldarbeiten konnte der D 2416 mit einer Seilwinde und für Ladearbeiten mit einem Frontlader ausgerüstet werden. Für die Vorder- und Hinterachse waren Gitterräder verfügbar. Für Arbeiten bei schlechtem Wetter war ein Allwetterverdeck erhältlich. Das ursprüngliche Sechsganggetriebe wurde 1957 durch ein neues Neunganggetriebe ersetzt. Als D 2402 war eine Version für Arbeiten in Sonderkulturen erhältlich.

▶ **Wussten Sie schon?**

Mit Traktoren wie dem D 2416 nahm Lanz endlich am Dieselzeitalter teil.

TECHNISCHE DATEN

Bauzeit	1955–1960
Motor	Lanz Zweitakt-Dieselmotor
Getriebe	9V 2R
Leistung	28 PS
Hubraum	2617 ccm
Zylinder	1
Höchstgeschwindigkeit	19,9 km/h
Länge	2770 mm
Gewicht	1620 kg

Ritscher Multitrac 517 G

135

Auch der norddeutsche Schlepperbauer Ritscher hat sich am Wettkampf um den erfolgreichsten Geräteträger beteiligt. Sein Konzept hieß Multitrak, ab Ende 1955 hinten mit „c" geschrieben. Der 517 G hat nach einem Jahr, 1955, den Einzylinder abgelöst. Das Zweizylinder-

Die Geräteträgerserie der Multitracs von Ritscher gehörte zu den erfolgreichsten am Markt.

TECHNISCHE DATEN

Bauzeit	1955–1959
Motor	Güldner 2 LD
Getriebe	10V 2R
Leistung	17 PS
Hubraum	1305 ccm
Zylinder	2
Höchstgeschwindigkeit	20 km/h
Länge	2760 mm
Gewicht	1120 kg

Modell leistete 17 PS und wurde bis 1959 gebaut. Es gab auch eine Hochradausführung mit dem Kürzel GH, die sich bis 1963 halten konnte. Letztlich kam aber auch Ritscher nicht gegen die Einmann-System-Geräteträger von Fendt an.

Lanz D 6007

136

Der D 6007 gehörte zu den großen Halbdiesel-Traktoren, mit denen Lanz ab 1955 die Glühkopf-Bulldogs ablöste. Als Verkehrs-Bulldog war er vor allem für Transportaufgaben und zum Ziehen schwerer Wagen vorgesehen. Zum Kundenkreis gehörten deshalb

Der D 6007 war hauptsächlich für schwere Transportarbeiten auf der Straße bestimmt.

TECHNISCHE DATEN

Bauzeit	1955–1962
Motor	Lanz Zweitakt-Dieselmotor
Getriebe	6V 2R
Leistung	60 PS
Hubraum	7372 ccm
Zylinder	1
Höchstgeschwindigkeit	30 km/h
Länge	3610 mm
Gewicht	3750 kg

auch Unternehmen aus dem Transportgewerbe. Optional konnte der Schlepper mit Ackerrädern und einer Dreipunktaufhängung ausgestattet werden, um in landwirtschaftlichen Betrieben für Feldarbeiten gerüstet zu sein. 1955 wurde die Typenbezeichnung in D 6017 und kurz danach in D 6009 geändert.

137 IHC D-320

Die International Harvester Company (IHC) war einst einer der größten Landmaschinenhersteller der Welt. 1911 eröffnete das Unternehmen mit Sitz in Chicago in Neuss am Rhein ein Werk, in dem anfangs Landmaschinen und ab 1935 auch Traktoren hergestellt wurden. Der D-320 wurde ab 1956 in diesem Werk am Rhein gebaut und entwickelte sich bald zum Bestseller. Als Antrieb des Schleppers diente ein ruhig laufender Dreizylindermotor. In den sechs Jahren, in denen er produziert wurde, fanden 13.300 Exemplare einen Abnehmer. Neben der Normalausführung mit sechs Vorwärtsgängen und einem Rückwärtsgang war der Schlepper mit dem neuartigen Agriomatic-Getriebe erhältlich. In dieser Ausführung besaß er acht Vorwärts- und zwei Rückwärtsgänge.

▶ **Wussten Sie schon?**

Die Einzelradfeder an der Vorderachse bedeutete einen erhöhten Fahrkomfort.

TECHNISCHE DATEN

Bauzeit	1956–1962
Motor	IHC DD-99
Getriebe	6V 1R
Leistung	20 PS
Hubraum	1631 ccm
Zylinder	3
Höchstgeschwindigkeit	20 km/h
Länge	2750 mm
Gewicht	1230 kg

Der D-320 trug mit dazu bei, dass IHC innerhalb kurzer Zeit zu einem der größten Traktorhersteller in Deutschland wurde.

138

Porsche-Diesel P 111

Zu den Modellen, die Porsche-Diesel 1956 von Allgaier übernahm, gehörte der A 111, der kurze Zeit nach der Übernahme in P 111 umbenannt wurde. Zu den Änderungen, die der kleine Allzwecktraktor bei Porsche-Diesel erfuhr, gehörten die rote Lackierung und eine neue Zierleiste an der Motorhaube. Der P 111 war in einer kürzeren und einer längeren Version erhältlich. Die 275 Zentimeter lange Variante war als Tragschlepper konzipiert. Bereits 1957 löste der zwei PS stärkere Porsche-Diesel Junior den P 111 ab.

Der A 111 von Allgaier wurde bei Porsche-Diesel als P 111 weitergebaut.

TECHNISCHE DATEN	
Bauzeit	1956–1957
Motor	Porsche-Diesel 4-Takt
Getriebe	4V 4R
Leistung	12 PS
Hubraum	822 ccm
Zylinder	1
Höchstgeschwindigkeit	16,5 km/h
Länge	2600 / 2750 mm
Gewicht	845 kg

139

Lanz D 1106

Lanz war vor allem für große, leistungsstarke Bulldogs bekannt. Zu den wenigen kleinen Traktoren, die von dem Mannheimer Unternehmen hergestellt wurden, gehörte der D 1106, der liebevoll auch „Bulli“ genannt wurde. Was ihn auszeichnete war nicht nur seine Größe, sondern auch der Zweitakt-Dieselmotor, der ursprünglich von den Triumph-Werken Nürnberg stammte und von Lanz weiterentwickelt worden war. Der Bulli wurde nur zwei Jahre lang hergestellt. Es waren ungefähr 1.300 Exemplare, die von dem Kleinschlepper verkauft wurden.

Der Einstieg in die Produktion von kleinen Bauernschleppern erfolgte bei Lanz zu spät, weswegen auch dem D 1106 der Erfolg versagt blieb.

TECHNISCHE DATEN	
Bauzeit	1956–1958
Motor	Lanz-TWN E 503
Getriebe	6V 2R
Leistung	11 PS
Hubraum	533 ccm
Zylinder	1
Höchstgeschwindigkeit	18,2 km/h
Länge	2440 mm
Gewicht	770 kg

140 Porsche-Diesel AP 22

Die Porsche-Diesel-Schlepper sind leicht an der unverwechselbaren Motorhaube zu erkennen.

Als Porsche-Diesel 1956 die Traktorproduktion von Allgaier übernahm, gehörte auch das Modell AP 22 zu den mit übernommenen Allgaier-Modellen. Das Getriebe wurde von der ebenfalls in Friedrichshafen angesiedelten Zahnradfabrik Friedrichshafen geliefert. Der Motor stammte von Porsche-Diesel selbst. Den AP 22 gab es in einer langen und einer kurzen Ausführung. Die lange Version ermöglichte den Anbau von Zwischenachsgeräten.

TECHNISCHE DATEN

Bauzeit	1956–1958
Motor	Porsche-Diesel 4-Takt
Getriebe	5V 1R
Leistung	22 PS
Hubraum	1531 ccm
Zylinder	2
Höchstgeschwindigkeit	27 km/h
Länge	2970 mm
Gewicht	1315 kg

141 Eicher LH 12

Der kleinste Standardschlepper von Eicher kam 1956 wahrscheinlich zu spät.

Eicher hatte 1956 neben seinen EKL 11 einen Kleinschlepper gestellt, der noch ein gutes Stück leichter war, allerdings ein PS mehr hatte. Der LH 12 (das H steht für Hatz, die verwendete Motormarke) lag mit 770 kg noch gut unter dem des EKL 11. Sehr viele Bauteile hatte der LH 12 mit dem ebenfalls in diesen Jahren gebauten Geräteträger G 13 „Muli" gemeinsam. Dank seines niedrigen Gewichts und seiner kompakten Abmessungen war er bis zum Erscheinen des Puma als Plantagenschlepper aktiv.

TECHNISCHE DATEN

Bauzeit	1956–1959
Motor	Hatz E 89 FG
Getriebe	6V 2R
Leistung	12 PS
Hubraum	667 ccm
Zylinder	1
Höchstgeschwindigkeit	18,3 km/h
Länge	2475 mm
Gewicht	770 kg

142

IHC D-212

Der D-212 gehörte zu einer Reihe von fünf Modellen, mit der das Traktorprogramm von IHC in Neuss am Rhein 1956 erneuert wurde. Mit seiner Motorleistung von nur zwölf PS war der D-212 das kleinste Modell der Baureihe. Er eignete sich als Allzwecktraktor auf einem kleinen Betrieb, von denen es in den fünfziger Jahren noch viele gab, oder als Zweittraktor auf einem größeren Hof. Der D-212 befand sich bis 1959 im IHC-Programm. Es waren ungefähr 3.800 Exemplare, die einen Abnehmer fanden.

TECHNISCHE DATEN

Bauzeit	1956–1959
Motor	IHC D-66
Getriebe	6V 1R
Leistung	12 PS
Hubraum	1088 ccm
Zylinder	2
Höchstgeschwindigkeit	19 km/h
Länge	2740 mm
Gewicht	1033 kg

Selbst für die Verhältnisse der fünfziger Jahre zählte er zu den Kleinsten: der D-212.

143

IHC D-217

Einer der beiden Nachfolger des DLD 2 war der D-217. Die Zielgruppe des 17 PS starken Modells bestand vor allem aus den kleinen landwirtschaftlichen Betrieben. Die erste Ziffer in der Typenbezeichnung gab die Anzahl der Zylinder des Motors wieder. Der Rest der Zahl stand für die Motorleistung. Mit dem Sechsganggetriebe von IHC konnte auf der Straße eine Höchstgeschwindigkeit von 20 km/h erreicht werden.

TECHNISCHE DATEN

Bauzeit	1956–1960
Motor	IHC DD-74
Getriebe	6V 1R
Leistung	17 PS
Hubraum	1217 ccm
Zylinder	2
Höchstgeschwindigkeit	20 km/h
Länge	2700 mm
Gewicht	1063 kg

Der D-217 erwies sich als erfolgreicher Nachfolger des DLD 2.

144 Porsche-Diesel Junior L

Junior wurden bei Porsche-Diesel in Friedrichshafen die kleineren Traktoren genannt. Mit seinen 14 PS zählte der Junior zu den sogenannten Bauernschleppern. Um den unterschiedlichen Bedürfnissen der Kunden entgegenzukommen, wurde er in verschiedenen Ausführungen angeboten. Die L-Version besaß einen verlängerten Radstand, was den Anbau von Geräten zwischen der Vorder- und der Hinterachse ermöglichte. Neben der Funktion eines Allzwecktraktors in kleinen Betrieben konnte der Junior auch die Rolle eines Zweittraktors in größeren landwirtschaftlichen Betrieben übernehmen. Seiner Flexibilität verdankte der Junior seinen Erfolg.

▶ Wussten Sie schon?

Die kurze Version des Junior besaß keinen Zwischenachsanbauraum und war für Milchvieh- und Grünlandbetriebe gedacht.

TECHNISCHE DATEN

Bauzeit	1957–1960
Motor	4-Takt Porsche-Diesel
Getriebe	6V 2R
Leistung	14 PS
Hubraum	822 ccm
Zylinder	1
Höchstgeschwindigkeit	20 km/h
Länge	2840 mm
Gewicht	915 kg

Der Junior L wurde von 1957 bis 1960 hergestellt, befindet sich aber auf vielen Höfen heute noch im Einsatz.

Fahr D 88

145

Dieser kleine Tragschlepper von Fahr erlebte im Laufe seiner Bauzeit zwei Leistungserhöhungen von 13 über 14 auf 15 PS. Weil er bei den Kunden gut ankam, wurde er in das Europa-Programm aufgenommen, das Fahr 1959 in enger Zusammenarbeit mit Güldner aufbaute. Der kleine Zweizylinder-Motor stammte bereits seit der Vorstellung des D 88 im Jahr 1956 von Güldner. Mit nur 865 Kilogramm gehört er zu den leichtesten Schleppern überhaupt.

Dieser Tragschlepper war aus der Zusammenarbeit mit Güldner entstanden. Er hieß dort „Spessart".

TECHNISCHE DATEN

Bauzeit	1956–1961
Motor	Güldner 2 LKN
Getriebe	6V 2R
Leistung	14 PS
Hubraum	885 ccm
Zylinder	2
Höchstgeschwindigkeit	19,9 km/h
Länge	2655 mm
Gewicht	865 kg

Bungartz T5

146

Der T5 wurde ab 1956 in dem Bungartz-Werk in München hergestellt. Die Zielgruppe stellten Garten- und Obstbaubetriebe dar. Durch die Neunzig-Grad-Lenkung besaß der kleine Traktor einen sehr kleinen Wendekreis. Angetrieben wurde der Kleinsttraktor anfangs von einem 12 PS starken Hatz-Motor. Später wurde die Leistung auf 13 PS erhöht. Ab 1966 erfolgte die Produktion in Hornbach. Als Antrieb stand nun auch ein 16-PS-Hatz-Motor zur Auswahl.

An Wendigkeit war der T5 kaum mehr zu übertreffen. Er konnte sich fast auf der Stelle drehen.

TECHNISCHE DATEN

Bauzeit	1956–1972
Motor	Hatz E 85 F
Getriebe	4V 3R
Leistung	12 PS
Hubraum	668 ccm
Zylinder	1
Höchstgeschwindigkeit	15 km/h
Länge	k.A.
Gewicht	915 kg

147 BTG D 40 T

Der BTG D 40 T sah wie ein Deutz-Traktor aus, wurde aber in München hergestellt.

Der D 40 T sah wie ein Deutz-Schlepper aus und hatte auch den Deutz-Schriftzug auf der Motorhaube. Hergestellt wurde das Modell jedoch von der Bayerischen Traktoren und Fahrzeugbau GmbH in München. Der Verkauf des 35 PS leistenden Traktors wurde dagegen von der Deutz-Vertriebsorganisation übernommen. Der BTG-Schlepper hatte einen Dreizylinder-Deutz-Motor unter der Haube, besaß vier gleich große Räder und einen Allradantrieb. Die Anzahl der hergestellten Exemplare blieb gering.

TECHNISCHE DATEN	
Bauzeit	1957–1958
Motor	Deutz F3L 712
Getriebe	6V 6R
Leistung	35 PS
Hubraum	2550 ccm
Zylinder	3
Höchstgeschwindigkeit	25 km/h
Länge	k.A.
Gewicht	k.A.

148 MAN 2 F 1

Der 2 F 1 war mit 6.091 Exemplaren das bestverkaufte Modell von MAN.

Mit dem 2 F 1 hat MAN auch für die kleineren Betriebe einen Schlepper angeboten. Er hatte allerdings, anders als die übrigen MAN-Traktoren, nur einen Hinterradantrieb. Bis der MAN-Motor fertig wurde (ein Jahr nach Vorstellung dieses kleinen Tragschleppers), hatte man bei den ersten Modellen 1957 einen Güldner-Motor verwendet. Das Getriebe A 4 von ZF hatte sechs Vorwärts- und zwei Rückwärtsgänge, wobei der erste als Kriechgang ausgebildet war.

TECHNISCHE DATEN	
Bauzeit	1957–1961
Motor	D 7502 M 177/178
Getriebe	6V 2R
Leistung	14 PS
Hubraum	883 ccm
Zylinder	2
Höchstgeschwindigkeit	20 km/h
Länge	2715 mm
Gewicht	840 kg

Eicher ED 26 Allrad

Da der Allradantrieb nicht abgeschaltet werden konnte, war der ED 26 Allrad auf der Strecke nicht gut zu lenken.

Der ED 26 Allrad wurde – durch Senkung der Drehzahl – aus dem ED 30 Allrad „entwickelt“ und 1957/58 angeboten. Eicher hatte festgestellt, dass der Zweizylinder-Motor ED 2 e in dieser Konfiguration mit 30 PS überfordert war. Außer dieser Maßnahme gab es keine Unterschiede zwischen den beiden Typen. Das Allrad-Getriebe stammte von Renk. Es hatte aber kein Differential, weshalb alle vier Räder permanent angetrieben wurden. Deshalb mussten die Räder auch alle gleich groß sein. Die Lenkung wurde deshalb bedeutend erschwert. Doch bei Arbeiten in gebirgigen Regionen war dies kein Nachteil. Die Verkaufszahlen waren jedoch alles andere als überwältigend. Gerade mal 96 Stück konnte Eicher verkaufen. Vielen war der Preis für das Allradmodell zu hoch, den die aufwendige Technik aber erforderte. Erst 1962 baute Eicher wieder einen Allradschlepper.

▶ Wussten Sie schon?
Lediglich 96 Stück konnte Eicher von diesem Allradschlepper an den Mann bringen. Zu wenig für einen echten Erfolg.

TECHNISCHE DATEN	
Bauzeit	1957–1958
Motor	Eicher ED 2 e
Getriebe	5V 1R
Leistung	26 PS
Hubraum	2596 ccm
Zylinder	2
Höchstgeschwindigkeit	19 km/h
Länge	3010 mm
Gewicht	1935 kg

150

MAN 4 S 2

Von seiner Vorstellung bis 1958 war dieser Schlepper mit 50 PS das leistungsstärkste Modell aus dem Hause MAN. Er war mit dem Siebengang-Getriebe mit drei zusätzlichen Kriechgängen A 20/18 II der Zahnradfabrik Friedrichshafen ausgerüstet, das auch schon sein Vorgänger 4 S 1 besessen hatte. Auf Wunsch konnte man den Schlepper mit drei zusätzlichen Kriechgängen und einem Schnellgang aufrüsten. Eine gleichzeitig angebotene Hinterrad-Variante lief unter dem Namen 2 S 2. Die Zugkraft am Haken betrug 3,2 Tonnen. Mit optionalem Schnellgang erreichte der 4 S 2 Geschwindigkeiten von bis zu 29 km/h. Das war für die damalige Zeit ein herausragender Spitzenwert. Auch das umfangreiche Zubehör, wie bei MAN inzwischen schon gewohnt, konnte den Kunden begeistern.

▶ **Wussten Sie schon?**
Mit optionalem Schnellgang erreichte der 4 S 2 bis zu 29 km/h.

TECHNISCHE DATEN	
Bauzeit	1957–1960
Motor	D 0024 M 221
Getriebe	7V 1R
Leistung	50 PS
Hubraum	3924 ccm
Zylinder	4
Höchstgeschwindigkeit	29 km/h
Länge	3625 mm
Gewicht	3260 kg

Besonders in hügeligen Waldgebieten in den deutschen Mittelgebirgen und im Voralpenland konnte der MAN-Schlepper mit dem Allrad-Antrieb eindeutige Vorteile erzielen.

Fendt Dieselross FL 114

151

Der kleine FL 114 bot die technische Qualität der anderen Dieselrösser, hatte aber einen Zweitakt-Motor. Er war mit seinen 800 kg ein absolutes Leichtgewicht unter den Fendt-Modellen. Die Konstruktion ermöglichte das rentable

Der Zweitakter dieses Mini-Fendt stammte von Ilo.

Bearbeiten auch kleinster Anbauflächen. Im Zwischenachsraum konnten Arbeitsgeräte wie ein Rübenhackgerät, ein Kartoffelhäufelgerät oder ein Kartoffelhackgerät verwendet werden.

TECHNISCHE DATEN	
Bauzeit	1957–1959
Motor	Zweitakter Ilo 661
Getriebe	6V 2R
Leistung	12 PS
Hubraum	660 ccm
Zylinder	1
Höchstgeschwindigkeit	18 km/h
Länge	2280 mm
Gewicht	800 kg

MAN 4 R 2

152

Herausragendes Merkmal dieses Modells von MAN war der neu in den Schlepperbau eingeführte Motor, der nach dem M-Verfahren arbeitete, bei dem der kugelförmige Brennraum in der Mitte des Kolbens angeordnet ist. Dadurch kann der Treibstoff weich und fast geräuschlos verbrannt werden. Damals sprach man sogar vom „Flüstermotor“. Der Motor nach dem M-Verfahren konnte sehr viel kleiner gebaut werden und trug so beim Einsatz in der Landwirtschaft zu besserer Sicht auf Geräte und Boden bei.

Niedrigen Verbrauch, große Laufruhe und hohes Leistungsvermögen bescherte das M-Verfahren dem 4 R 2.

TECHNISCHE DATEN	
Bauzeit	1957–1960
Motor	D 0024 M 220
Getriebe	5V 1R
Leistung	40 PS
Hubraum	3924 ccm
Zylinder	4
Höchstgeschwindigkeit	29 km/h
Länge	3620 mm
Gewicht	2680 kg

Seit 1955 wurden die MAN-Traktoren nicht mehr in Nürnberg, sondern in München gebaut. Der 4 N 1 stammte ebenfalls aus der bayrischen Hauptstadt.

153

MAN 4 N 1

Der 4 N 1 war eines der wenigen Modelle von MAN, bei denen es lediglich eine Allradversion gab. Erst sein Nachfolger 4 N 2 bekam ein solches Pendant. Mit seiner Leistung von 30 PS konnte der 4 N 1 schwere, zapfwellenbetriebene Arbeitsgeräte wie Mähdrescher ziehen. Das Getriebe A 10 stammte, wie bei MAN-Schleppern üblich, aus Friedrichshafen und bot dem Fahrer fünf Vorwärts- und drei Kriechgänge sowie einen Rückwärtsgang. Auf Wunsch konnte man auch ein Getriebe mit acht Vorwärts- und zwei Rückwärtsgängen plus Kriechgänge erhalten. Das kleine weiße, rot umrandete „m“ auf dem Kühlergrill weist auf den Motor hin, der nach dem M-Verfahren arbeitete.

TECHNISCHE DATEN	
Bauzeit	1957–1960
Motor	D 0011 M 161
Getriebe	5V 1R
Leistung	30 PS
Hubraum	1960 ccm
Zylinder	2
Höchstgeschwindigkeit	27 km/h
Länge	3130 mm
Gewicht	2100 kg

Eicher G 19 Kombi

Eicher hatte schon Mitte 1952 begonnen, mit einem Geräteträger zu experimentieren, und schon im folgenden Jahr konnte man auf der DLG-Ausstellung der Öffentlichkeit ein erstes Exemplar vorstellen. Wie beim Alldog von Lanz beruhte der Eicher-Geräteträger auf einem System mit zwei Holmen. Die daraus folgenden Patentstreitigkeiten mit Lanz zögerten die Serienfertigung hinaus. Aber 1955 war es soweit: Der erste Eicher-Geräteträger, der G 19 Kombi, ging an den Start. Manche Bauteile des Geräteträgers waren bereits bei den Standardtraktoren verwendet worden, was eine kostengünstige Produktion ermöglichte. Ab 1957 bot man den Kunden wahlweise die Ausstattung mit einem 22 PS starken Motor an.

▶ Wussten Sie schon?
Die Eicher-Geräteträger zeichneten sich durch eine flexible Einsetzbarkeit und leichten Geräteanbau aus.

TECHNISCHE DATEN

Bauzeit	1957–1959
Motor	Eicher ED 1 d
Getriebe	6V 2R
Leistung	22 PS
Hubraum	1557 ccm
Zylinder	1
Höchstgeschwindigkeit	18,3 km/h
Länge	3480 mm
Gewicht	1450 kg

Mit dem G 19 Kombi war der erste serienmäßig hergestellte Eicher-Geräteträger entstanden.

155 Porsche-Diesel Super B 308

Die Bauversion des Super war gleich an der gelben Lackierung zu erkennen.

Traktoren wurden von Anfang an nicht alleine in der Landwirtschaft, sondern in einem geringeren Maße auch in anderen Branchen eingesetzt. Porsche-Diesel brachte 1957 mit dem Super B 308 eine speziell auf die Erfordernisse des Baugewerbes angepasste Version des Super auf den Markt. Genormte Heck- und Frontanbauplatten sollten einen einfachen und schnellen Wechsel von Anbaugeräten, wie Kehrmaschinen oder Fronthubstaplern, ermöglichen. Ein Frontlader mit einer Ladeschaufel konnte für Ladearbeiten verwendet werden.

TECHNISCHE DATEN

Bauzeit	1957–1961
Motor	Porsche-Diesel 4-Takt
Getriebe	5V 1R
Leistung	38 PS
Hubraum	2467 ccm
Zylinder	3
Höchstgeschwindigkeit	25,1 km/h
Länge	3085 mm
Gewicht	2400 kg

156 Porsche-Diesel Super 308 N

An Variationen, wie beim Super N 308, bestand bei Porsche-Diesel kein Mangel.

Der Dreizylinder-Schlepper Super 308, den Porsche-Diesel ab 1957 anbot, stand in zwei Ausführungen zur Verfügung: der N- und der L-Version. Der Hauptunterschied zwischen den beiden Ausführungen lag vor allem bei der Kupplung, die bei der N-Version in einer einfachen Ausführung und bei der L-Version als Doppelkupplung vorhanden war. Der Super 308 N konnte wiederum in Versionen mit einem Radstand von 1.790 Millimetern oder 1.820 Millimetern bezogen werden.

TECHNISCHE DATEN

Bauzeit	1957–1961
Motor	Porsche-Diesel 4-Takt
Getriebe	5V 1R
Leistung	38 PS
Hubraum	2467 ccm
Zylinder	3
Höchstgeschwindigkeit	20 km/h
Länge	2970 mm
Gewicht	1660 kg

Fordson Super Major

157

Der Fordson Super Major stammte aus der Ford-Fabrik im englischen Dagenham. Er löste 1960 den Fordson Power Major ab und richtete sich mit seinen 52 PS Nennleistung vor allem an mittelgroße und größere landwirtschaftliche Betriebe. Eine leichte Leistungssteigerung auf 54 PS erhielt die 1963 eingeführte Variante New Performance Super Major. Unter der Typenbezeichnung Ford 5000 Diesel wurde der Super Major ab 1962 in die Vereinigten Staaten exportiert.

Der Markenname Ford begann in den 1960er-Jahren den Schriftzug „Fordson" auf den Motorhauben abzulösen, wie dieser Super Major von 1964 zeigt.

TECHNISCHE DATEN	
Bauzeit	1960–1964
Motor	Ford
Getriebe	6V 2R
Leistung	52 PS
Hubraum	3610 ccm
Zylinder	4
Höchstgeschwindigkeit	20 km/h
Länge	3300 mm
Gewicht	2475 kg

Holder B 12

158

Die Firma Holder stellte 1957 den B 12 vor, einen luftgekühlten Kleinschlepper mit Zweitakt-Motor von Fichtel & Sachs. Dieses Modell sollte vor allem als Pflegeschlepper dienen und in den von Holder auch mit anderen Produkten besetzten Bereichen Wein, Hopfen, Obst und Garten arbeiten. In den zehn Jahren seiner Produktion waren nur marginale Veränderungen nötig. Einen hydraulischen Kraftheber konnte man auf Wunsch dazubekommen.

Der kleine Holder-Schlepper wurde vor allem zu Pflegearbeiten eingesetzt.

TECHNISCHE DATEN	
Bauzeit	1957–1968
Motor	Fichtel & Sachs Zweitakter D 600 L
Getriebe	6V 1R
Leistung	12 PS
Hubraum	604 ccm
Zylinder	1
Höchstgeschwindigkeit	20 km/h
Länge	2150 mm
Gewicht	785 kg

159 Lindner Junior HRL 9 – Bauernfreund

Den Bauernfreund gab es ab 1956 in verschiedenen Leistungsklassen, die größeren auch mit Allradantrieb.

Die Traktoren von Lindner aus Kundl in Tirol sind heute besonders in Österreich sehr beliebt. Wie Fendt das Dieselross oder Kramer den Allesschaffer, so erfand Lindner 1956 für seine neuen Traktoren den Namen Bauernfreund (abgekürzt BF). Ein kleines, aber kräftiges Modell war der Junior mit 9 PS. Dieses wassergekühlte Leichtgewicht konnte man mit Dreigang- oder Viergang-Getriebe erhalten. Als Motor wurde ein selbstgebauter Zweitakter eingesetzt. Sein tiefer Schwerpunkt sorgte für Standfestigkeit, auf die es in den gebirgigen Gegenden Tirols, wo das Hauptabsatzgebiet Lindners lag, ankam. Eine Seilwinde, Zapfwelle, Differentialsperre und Mähantrieb konnte Lindner als Zubehör mitliefern. Das machte den Traktor vielseitig einsetzbar.

▶ Wussten Sie schon?
Der Junior HRL 9 „Bauernfreund" war der erste Traktor, für den Lindner den Motor selbst baute.

TECHNISCHE DATEN

Bauzeit	1957–1962
Motor	Lindner Zweitakt-Diesel
Getriebe	4V 1R
Leistung	9 PS
Hubraum	503 ccm
Zylinder	1
Höchstgeschwindigkeit	12 km/h
Länge	k.A.
Gewicht	940 kg

160

Güldner AB

Besonderes Kennzeichen des Tragschleppers AB im Vergleich zu seinen Vorgängern war die schicke Tonnenhaube im Design der damals sehr beliebten Wespentaille. Der Vorteil dieser Bauweise war eine bessere Sicht auf eingesetzte Zwischenachsgeräte. Tragschlepper waren besonders vielseitig. Der neue Motor brachte eine Leistung von 25 PS. Güldner verwendete das Sechsgang-Getriebe von ZP. Der AB wurde in seiner kurzen Bauzeit über 1.000-mal verkauft. Schon 1959 kam mit dem Modell A 2 B ein Facelifting heraus.

Der AB war ein wassergekühlter Universalschlepper, der eine Portalachse für höhere Bodenfreiheit hatte.

TECHNISCHE DATEN

Bauzeit	1953–1959
Motor	Güldner 2 BS
Getriebe	6V 1R
Leistung	25 PS
Hubraum	1840 ccm
Zylinder	2
Höchstgeschwindigkeit	20 km/h
Länge	3115 mm
Gewicht	1460 kg

161

Fahr D 135

In den Jahren 1958/59 produzierte Fahr eine wassergekühlte Variante seines luftgekühlten D 130. Dieses Modell wurde als D 135 bezeichnet und durchbrach damit das Namensschema der Firma. Der Zweizylinder-Motor dieses für seine Leistungsklasse sehr leichten Traktors stammte von Güldner. Er bot bei einer Drehzahl von 1.950 U/min eine Leistung von 18 PS. Das Getriebe hatte acht Vorwärtsgänge und einen Rückwärtsgang. In seiner kurzen Bauzeit wurde der D 135 zusammen mit seiner Hochradvariante über 2.300-mal verkauft.

Der D 135 war der Vorläufer des D 131 W, der zur Europa-Reihe gehörte.

TECHNISCHE DATEN

Bauzeit	1958–1959
Motor	Güldner 2 DNS
Getriebe	8V 1R
Leistung	18 PS
Hubraum	1305 ccm
Zylinder	2
Höchstgeschwindigkeit	19,6 km/h
Länge	3000 mm
Gewicht	1161 kg

Größer und stärker

Das Ende des Traktorbooms und die 60er-Jahre

Der Traktorboom fand bereits Ende der 1950er-Jahre ein Ende. Der Grund dafür waren die Marktsättigung und das Verschwinden der vielen kleinen Höfe. Mit ihnen verschwanden auch die zahlreichen kleinen Traktorbauer, die oft nur eine regionale Bedeutung erlangt hatten. Manche stellten den Betrieb ein, andere begannen mit der Herstellung anderer Produkte. Zu den Traktorherstellern, die in den 1950er-Jahren die Produktion einstellten, gehörten beispielsweise die Bayerische Landmaschinen- und Kraftfahrzeug GmbH, die in Wolfratshausen bei München die Alpenland-Traktoren baute, die Maschinenfabrik Röhr, die in Landshut Schlepper montierte, die Normag-Zorge GmbH in Hattingen, die 1957 den Traktorbau einstellte und die Josef Bautz AG in Saulgau, die sich ab 1962 auf den Bau von Erntemaschinen konzentrierte. Der Schrumpfungsprozess auf dem Landtechnikmarkt forderte schließlich auch Opfer unter den bekannten Namen. Ein Beispiel dafür ist die Porsche-Diesel-Motorenbau GmbH in Friedrichshafen, deren auffallend gestaltete Schlepper sich nicht nur in Deutschland einer großen Bekanntheit erfreuten, sondern auch gewisse Erfolge im Export feiern konnten. 1963 kam das Aus für den Bau der roten Porsche-Diesel-Schlepper.

Nach dem Ende des Traktorbooms verschwanden die kleinen Bauernschlepper, das heißt, die Einzylindermodelle, die hauptsächlich kleine Landwirte als Zielgruppe hatten. Mit dem Produktionsende des D 15 nahm Deutz 1965 das letzte Modell dieser Art aus dem Programm. Eicher bot mit dem Leopard noch bis 1966 einen typischen Bauernschlepper an. Bei Fendt war der Fix 1 das letzte Einzylindermodell. Der kleine Dieselrossnachfolger befand sich nur bis 1960 im Bau.

Der AS 120 von Bautz gehörte mit seinen 14 PS noch zu den Bauernschleppern, deren Markt in den 1960er-Jahren schnell schrumpfte.

Für das Verschwinden der kleinen Schlepper war die Nachfrage nach mehr Leistung verantwortlich. Der Bedarf nach höheren PS-Zahlen schien keine Grenzen zu kennen. Nur der Geldbeutel setzte ein Limit. Starke Traktoren hatten den Vorteil, größere Maschinen und Geräte ziehen zu können und dadurch die Arbeit rationalisieren zu helfen. Zunehmend spielte aber auch ein anderer Faktor eine Rolle, nämlich der Komfort. Dies war nicht nur eine Frage der Annehmlichkeit an langen Arbeitstagen, sondern auch der Sicherheit, da Lärm, Vibrationen und Stöße zu einer schnel-

Die Ansprüche an die Traktoren stiegen. Fendt brachte als Schlepper der oberen Leistungsklasse die Favorit-Modelle auf den Markt.

len Ermüdung des Fahrers führen können. Eine lärmisolierte und gefederte Kabine wurde deshalb mehr und mehr zu einer unverzichtbaren Ausstattung.

Eine weitere Entwicklung war die zunehmende Internationalisierung des Traktormarktes. 1956 war Lanz von John Deere übernommen worden. Dadurch hatte sich der große amerikanische Hersteller ein Standbein in Deutschland geschaffen. 1966 führte die International Harvester Company (IHC), die bisher in Neuss am Rhein für den deutschen Markt gefertigt hatte, die EWG- oder Common-Market-Reihe ein. Der gemeinsame europäische Markt ermöglichte mit dem Wegfall von Handelsschranken und dem Angleichen der Normen und gesetzlichen Vorschriften die Produktion für einen größeren Markt und dadurch auch eine Kostensenkung bei der Herstellung der Traktoren. In Deutschland blieb Deutz in den 1960er-Jahren der Marktführer. Diese Position musste das Kölner Unternehmen jedoch 1972 an IHC abgeben.

Schützende Kabinen waren zunehmend gefragt. Beim Schlüter Super 2000 TVL gehörte sie bereits zur Standardausstattung.

162 Fendt Favorit 1

Aus dem F 40 U weiterentwickelt und mit vielen Extras ausgestattet, wurde der Favorit 1 einer der wichtigsten Typen in der Geschichte von Fendt. Er eröffnete 1958 die erfolgreiche „ff"-Reihe. Sein neuartiger Dreizylinder-Motor von MWM lief dank Gleichdruck-Vorkammer-Verbrennungsverfahren besonders gleichmäßig. Erstmals kam im Favorit 1 die Tornado-Duplex-Kupplung zum Einsatz, die sehr verschleißarm war. Dreipunkt-Hydraulik, Frontlader, Startostop, eine Seilwinde ein verstellbarer Fahrersitz, ein geschütztes Armaturenbrett und das Halbsynchrongetriebe waren als Zubehör erhältlich.

Wussten Sie schon?
Der Favorit konnte als echter Universalschlepper mit seinen 40 PS auch die schweren Mähdrescher ziehen.

Der Favorit 1 war dank der konstruktiven Gestaltung um 2.085 DM billiger als sein 40-PS-Vorgängermodell.

TECHNISCHE DATEN	
Bauzeit	1958–1962
Motor	MWM KD 412 D
Getriebe	10V 2R
Leistung	40 PS
Hubraum	3120 ccm
Zylinder	3
Höchstgeschwindigkeit	20 km/h
Länge	3500 mm
Gewicht	2000 kg

Der Favorit 1 war der Auftakt zu einer langen Reihe von Premium-Schleppern mit dem Namen Favorit.

IHC D-214 S

163

IHC erweiterte 1958 für den deutschen Markt das Angebot an Schleppern im Leistungsbereich unterhalb von 20 PS. Zu den neuen Modellen gehörte der D-214 S, der mit einem Zweizylinder-Motor ausgestattet war und eine Leistung von 14 PS erbrachte. Um die Kosten zu senken, war man in Neuss am Rhein bei der Produktion auf das Baukastensystem übergegangen. Das heißt, dass einzelne Bauteile bei mehreren Modellen Verwendung fanden. Der D-214 S richtete sich vor allem an kleine Landwirte und stieß in dieser Zielgruppe auf großes Interesse. Über 8.000 Exemplare fanden einen Abnehmer.

Mit seinen 14 PS gehörte der IHC D-214 S zur Gruppe der kleinen Bauernschlepper.

TECHNISCHE DATEN	
Bauzeit	1958–1962
Motor	IHC DD-66
Getriebe	6V 1R
Leistung	14 PS
Hubraum	1088 ccm
Zylinder	2
Höchstgeschwindigkeit	20 km/h
Länge	2670 mm
Gewicht	1053 kg

Hanomag C 112

164

Auch dieses Modell war ein Sorgenkind. Der C 112 war der Nachfolger des umstrittenen R 12, außer der Bezeichnung hatte sich aber nicht viel geändert. Ungefähr 26.000 Landwirte kauften den kleinen Tragschlepper mit seinem luftgekühlten Zweitakt-Motor und die meisten ärgerten sich wohl über Schmutz, Lärm und Zicken dieses Sonderangebots. Weil er so viel Ärger machte, wurde er häufig durch einen Schlepper einer anderen Marke ersetzt.

Dank Roots-Gebläse erreichte der C 112 sehr hohe Leistungswerte bei kleinem Hubraum.

TECHNISCHE DATEN	
Bauzeit	1958–1960
Motor	Hanomag D 611 S
Getriebe	6V 2R
Leistung	12 PS
Hubraum	508 ccm
Zylinder	1
Höchstgeschwindigkeit	17 km/h
Länge	2730 mm
Gewicht	820 kg

165 Fendt Farmer 1

Mit dem Farmer 1 sicherte sich Fendt im Segment der mittelgroßen Traktoren große Marktanteile.

Dieses Modell gab es je nach Wunsch wasser- oder luftgekühlt. Der Farmer 1 war das mittelgroße Modell der „ff"-Reihe, die Fendt 1958 vorgestellt hatte. Mit seiner Motorzapfwelle (die auch als Wegzapfwelle geschaltet werden konnte) und der Tornado-Duplex-Kupplung eignete er sich hervorragend als Mähdrescher- und Feldhäcksler-Schlepper. Sowohl vorn als auch hinten konnte die Spur mehrfach verstellt werden.

TECHNISCHE DATEN

Bauzeit	1958–1961
Motor	MWM KD 12 Z (luft: AKD 112 Z)
Getriebe	6V 2R
Leistung	25 PS
Hubraum	1700 ccm
Zylinder	2
Höchstgeschwindigkeit	20 km/h
Länge	2945 mm
Gewicht	1445 kg

166 IFA RS 09

Dieser Geräteträger aus der Landmaschinenproduktion der DDR war im Ostblock sehr erfolgreich.

Nach dem Fehlschlag des RS 08/15 („Maulwurf") entwarf man einen neuen Geräteträger. Diesmal mit einem Dieselmotor, der als Lizenznachbau eines hervorragenden österreichischen Zweizylinder-V-Motors mit Direkteinspritzung von Warchalowski entstanden war. Außerdem kam ein Achtgang-Getriebe mit vier Rückwärtsgängen zum Einbau. In dieser Konfiguration war den Entwicklern in der DDR ein leistungsstarker Einholm-Geräteträger gelungen. Vielerorts wird auch der RS 09 als „Maulwurf" bezeichnet.

TECHNISCHE DATEN

Bauzeit	1958–1961
Motor	Schönebeck FD 21/1
Getriebe	8V 4R
Leistung	16,5 PS
Hubraum	1020 ccm
Zylinder	2
Höchstgeschwindigkeit	14,9 km/h
Länge	1520 mm
Gewicht	1070 kg

Steyr Typ 280a

167

Die rote Lackierung des Typs 280a war Programm. Steyr hatte ihn vor allem als Exportmodell vorgesehen und dokumentierte das auch farblich. Rot galt im deutschen Sprachraum immer als die Farbe für Exportmodelle.

TECHNISCHE DATEN

Bauzeit	1958–1972
Motor	Steyr WD 413 u
Getriebe	6V 1R
Leistung	68 PS
Hubraum	5322 ccm
Zylinder	4
Höchstgeschwindigkeit	24 km/h
Länge	3550 mm
Gewicht	3100 kg

Der Motor gehörte zu der im Baukastensystem konstruierten 13er-Serie, die auch bei den Steyr-Lkw zum Einsatz kam. Das Sechsgang-Getriebe stammte aus eigener Fabrikation auf Wunsch konnte es mit vier Kriechgängen aufgewertet werden. Gegenüber dem Vorgängertyp 280 wurde die Motordrehzahl erhöht, so dass 68 PS möglich waren. Der 280a wurde bis 1972 gebaut und damit sogar länger als der letzte Schlepper der Jubiläumsreihe, die die meisten Modelle der Serie 13 abgelöst hatten.

▶ Wussten Sie schon?

1958 war eine Leistung von 68 PS im europäischen Traktorbau ein echter Spitzenwert. Steyr verkaufte den 280a vor allem im Export.

Von 1958 bis sage und schreibe 1972 wurde dieser Traktor gebaut. Der 280a war ein echter Langzeitrekord.

168 Porsche-Diesel Master

Der Master war ein leistungsstarker Schlepper. Die Verkaufszahlen blieben jedoch niedrig.

Porsche-Diesel begann 1958 mit dem Bau der Oberklasse der in Friedrichshafen hergestellten Schlepper. Die 50 PS leistenden Traktoren wurden „Master" genannt, was bereits auf ihre Stellung unter den Porsche-Diesel-Schleppern hinweist. Der Master löste den von Allgaier übernommenen P 144 ab. Die erste Version des Großschleppers war mit einem Getriebe mit sieben Vorwärtsgängen ausgestattet. 1960 kamen zwei neue Ausführungen mit den Bezeichnungen Master 418 und Master 419 auf den Markt. Beide besaßen acht Vorwärtsgänge. Sie unterschieden sich beim Hubraum des Motors und der Drehzahl, erbrachten aber die gleiche Leistung. In den folgenden Jahren erschienen weitere Versionen des Masters, darunter verbilligte Ausführungen mit einem Fünfgang-Getriebe. Für den Master N 429 und V 429 stand ein Schnellganggetriebe, mit dem eine Höchstgeschwindigkeit von 27,1 Stundenkilometern erreicht werden konnte, zur Verfügung. Er zählt heute zu den eher seltenen Traktoren.

▶ **Wussten Sie schon?**
Als Zielgruppe für den Master wurden außer der Landwirtschaft auch die Industrie und das Baugewerbe gesehen.

TECHNISCHE DATEN

Bauzeit	1958–1963
Motor	Porsche-Diesel 4-Takt
Getriebe	8V 4R
Leistung	50 PS
Hubraum	3500 ccm
Zylinder	4
Höchstgeschwindigkeit	20 km/h
Länge	3480 mm
Gewicht	2100 kg

169

John Deere 8010

Der John Deere 8010 war mit seinen 215 PS einer wahrer Gigant seiner Zeit. Abgesehen von den Steiger-Traktoren gab es nichts Vergleichbares auf dem amerikanischen Markt. Eine Besonderheit war die Knicklenkung. Der 8010 wurde jedoch nur ungefähr ein Jahr lang hergestellt. Der Grund waren Getriebeprobleme, weshalb viele Exemplare zurückgegeben und in das Nachfolgemodell 8020 umgebaut wurden.

Getriebeprobleme führten dazu, dass der John Deere 8010 bald vom Modell 8020 abgelöst wurde.

TECHNISCHE DATEN	
Bauzeit	1959–1960
Motor	John Deere Dieselmotor
Getriebe	9V 1R
Leistung	215 PS
Hubraum	7000 ccm
Zylinder	6
Höchstgeschwindigkeit	32 km/h
Länge	5970 mm
Gewicht	8935 kg

170

Hatz TL 24

Zwischen den größeren bis zu 38 PS leistenden und den Kleinschleppern von Hatz siedelte sich der TL 24 an. Dessen Zweizylinder-Viertakt-Motor aus eigener Fertigung leistete 24 PS. Die Luftkühlung erfolgte mit Hilfe eines Axialgebläses, ähnlich dem von Eicher. Der Schlepper hatte ein Fünfgang-Getriebe. Hatz baute lediglich rund 100 Stück dieses Typs. Da es dem niederbayrischen Hersteller mit seinen übrigen Modellen nicht sehr viel anders erging, stellte Hatz Mitte der sechziger Jahre seine Traktorenproduktion ein.

Bemerkenswert bei den Hatz-Schleppern ist die schön geformte Motorhaube in zeitlosem Resedagrün.

TECHNISCHE DATEN	
Bauzeit	1959–1961
Motor	Hatz Z 105 R
Getriebe	5V 1R
Leistung	24 PS
Hubraum	1992 ccm
Zylinder	2
Höchstgeschwindigkeit	20 km/h
Länge	3000 mm
Gewicht	1520 kg

Mit dem Frontlader eignete sich der Kombi G 200 hervorragend zu Ladearbeiten.

171

Eicher Kombi G 200

Lanz hatte es mit dem Alldog vorgemacht, und viele andere Hersteller versuchten dem Beispiel zu folgen. In den fünfziger Jahren schien der Geräteträger vielen Herstellern ein neues, erfolgversprechendes Konzept zu sein. Auch Eicher schloss sich dem Trend an und brachte schon 1955 mit dem G 19 den ersten Geräteträger auf den Markt. 1959 wurde er durch den Kombi G 200 ersetzt. Das neue Modell war mit einem modernen EDK-Motor ausgestattet und besaß ein PS mehr Leistung als der Vorgänger. Die Spurweite des G 200 war im Bereich von 125 bis 200 Zentimetern verstellbar. Die Gemmerlenkung stammte ebenso wie das Getriebe von ZF. Der Fahrersitz war auf der rechten Seite des Fahrerstandes positioniert. Links davon befanden sich eine Sitzbank für Mitfahrer und darunter der Kraftstofftank. Das Auf- und Absteigen war etwas kompliziert, denn dazu musste der Fahrersitz jedesmal hochgeklappt werden. Aber eine kompakte Bauweise war beim Kombi G 200 wichtig. Eicher baute zwar sehr zuverlässige Geräteträger, erzielte aber nicht den erhofften Durchbruch.

TECHNISCHE DATEN

Bauzeit	1959–1961
Motor	Eicher EDK 2a
Getriebe	6V 1R
Leistung	20 PS
Hubraum	1700 ccm
Zylinder	2
Höchstgeschwindigkeit	20 km/h
Länge	2880 mm
Gewicht	1400 kg

Fahr D 177 S

Als die „Europa-Serie“ mit Güldner 1959 startete, war der D 177 S mit einem Vierzylindermotor und einer Leistung von 34 PS das stärkste Modell im Angebot. Güldner baute dieses Modell ebenfalls, setzte auf die andere Motorhaube den Namen Toledo. Weil Güldner keinen Motor in dieser Klasse bereitstellen konnte – auch mit dem Dreizylinder gab es bösen Ärger –, wurde von Mercedes-Benz der wassergekühlte Motor des Unimog 411 c gekauft und eingebaut. Der D 177 S war ein überzeugender Schlepper, der sich nicht nur durch Leistung sondern auch durch eine gute Sicht auf den Zwischenachsbereich auszeichnete. Nach dem Ende der Kooperation baute Güldner den Schlepper weiter, verwendete nun aber einen Motor aus eigener Fertigung.

▶ **Wussten Sie schon?**

Die Zusatzbezeichnung S deutet darauf hin, dass dieser Schlepper mit einem Schnellgang ausgestattet war.

TECHNISCHE DATEN

Bauzeit	1959–1961
Motor	Mercedes-Benz OM 636 VI-E
Getriebe	8V 1R
Leistung	34 PS
Hubraum	1757 ccm
Zylinder	4
Höchstgeschwindigkeit	28,3 km/h
Länge	3200 mm
Gewicht	1650 kg

Zur Kooperation mit Güldner, der bekannten „Europa-Serie“, steuerte Fahr den D 177 bei, den Güldner als Toledo bezeichnete. Er hatte - ganz ungewöhnlich - einen Unimog-Motor bekommen.

173

Kramer Pionier S

Der Pionier S war ein kleiner Tragschlepper von Kramer.

Der 1959 eingeführte Pionier S hatte den erfolgreichen KL 11 von Kramer ersetzt. Sein Einzylinder-Motor stammte von Deutz und leistete 11 PS – seit dem „Elfer" von Deutz eine magische Zahl. Das Modell war für die Käufer von Zweitschleppern, aber auch für die Motorisierung der Kleinhöfe gedacht. An die Verkaufszahlen seines Vorläufers konnte der Pionier S nicht anknüpfen.

TECHNISCHE DATEN	
Bauzeit	1959–1962
Motor	Deutz F1L 712
Getriebe	5V 1R
Leistung	11 PS
Hubraum	850 ccm
Zylinder	1
Höchstgeschwindigkeit	20 km/h
Länge	2840 mm
Gewicht	1090 kg

174

Deutz D 15

Zwischen 1962 und 1965 wurde der D 15 bei Fahr montiert, das inzwischen zu KHD gehörte.

Dieser Schlepper war der kleinste der legendären Baureihe D von Deutz. Er war das letzte Einzylindermodell der Kölner. Serienmäßig erhielt der Kunde eine Differenzialsperre, Getriebe- bzw. Wegzapfwelle, Mähantrieb und eine gefederte Vorderachse. Es gab ihn mit oder ohne Hydraulik. Als typischer Bauernschlepper sollte dieses Modell auf kleinen Höfen alle anstehenden Arbeiten erledigen. Viele kauften ihn aber auch als Zweitschlepper. Der D 15 kam 1959 zusammen mit den größeren Brüdern D 25, D 25 S und D 40.1 als D-Reihe auf den Markt.

TECHNISCHE DATEN	
Bauzeit	1959–1964
Motor	Deutz F1L 712
Getriebe	6V 2R
Leistung	14 PS
Hubraum	850 ccm
Zylinder	1
Höchstgeschwindigkeit	20 km/h
Länge	2645 mm
Gewicht	920 kg

175

IHC D-440

IHC erweiterte sein Schlepperprogramm 1959 um zwei Modelle. Eines davon war der D-440. Die Entwicklung zeigte, dass es mit der Motorleistung unweigerlich nach oben ging. Diesem Trend folgten auch die beiden neuen IHC-Schlepper. Der Vierzylinder-Motor des D-440 besaß ein Roots-Gebläße und brachte es auf eine Höchstleistung von 40 PS. Der Name „Farmall“ tauchte auf der Motorhaube dieser Modelle nicht mehr auf. Allerdings wurden die Modelle nach wie vor als „McCormick“ bezeichnet. Das aus der IHC-Fertigung stammende Getriebe bot acht Vorwärts- und zwei Rückwärtsgänge.

Mit dem D-440 wurde das Schlepperangebot von IHC nach oben erweitert.

TECHNISCHE DATEN	
Bauzeit	1959–1962
Motor	DD-132 S
Getriebe	8V 2R
Leistung	40 PS
Hubraum	2175 ccm
Zylinder	4
Höchstgeschwindigkeit	28 km/h
Länge	3010 mm
Gewicht	1940 kg

176

Deutz D 40.1 S

Der D 40.1 S (technische Bezeichnungen der Varianten: D 40.1S-NF; -UF; -UFS) ersetzte 1959 den D 40 S. Damit war er zum offiziellen Start der D-Reihe der Dreizylinder-Vertreter. Der F3L 712 war gegenüber dem D 40.1 durch Drehzahlerhöhung auf 38 PS gebracht worden, ab 1964 erhielt er den neuen F3L 812 und erreichte nun 40 PS. Dank Schnellgang (deswegen das Kürzel „S“) erreichte er 30 km/h. Er eignete sich auch für schwerere Zugaufgaben.

Der D 40.1 war der Dreizylinder-Traktor der D-Reihe von Deutz.

TECHNISCHE DATEN	
Bauzeit	1959–1965
Motor	Deutz F3L 712
Getriebe	7V 3R
Leistung	38 PS
Hubraum	2550 ccm
Zylinder	3
Höchstgeschwindigkeit	30 km/h
Länge	3350 mm
Gewicht	2100 kg

177

Bautz 300 T

Die bekannte Landmaschinenfabrik Bautz stellte 1959 zwei Traktor-Modelle vor, die einen modernen und vielseitigen Schleppertypus verkörperten: den 200 mit 15 PS und den 300 mit 20 PS. Diese beiden Modelle waren als Tragschlepper mit der charakteristischen Wespentaille gebaut, die praktische Anbaumöglichkeiten hinten und im Zwischenachsbereich erlaubte. Den 300 gab es als Zugschlepper (300 S) oder als Tragschlepper mit einem „T" nach der Zahl. Der 300 T hatte einen hydraulischen Kraftheber mit Dreipunktaufhängung und eine damals auch im PKW-Bau beliebte Lenkradschaltung. Der Zweizylinder-Viertakt-Motor von MWM war luftgekühlt und mit einem Siebengang-Getriebe verflanscht. Die Spur konnte verstellt werden, was den Schlepper auch für den Reihenanbau interessant machte.

Da Bautz nicht in der Lage war, PS-stärkere Modelle zu bauen, gab man die Schlepperfertigung 1963 auf und konzentrierte sich wieder voll auf andere Landmaschinen.

TECHNISCHE DATEN	
Bauzeit	1959–1963
Motor	MWM AKD 311 Z
Getriebe	7V 1R
Leistung	20 PS
Hubraum	1400 ccm
Zylinder	2
Höchstgeschwindigkeit	19,5 km/h
Länge	2950 mm
Gewicht	1275 kg

Dank seiner Wespentaille war der Bautz 300 T besonders für den Anbau von Zwischenachsgeräten geeignet.

Eicher Tiger EM 200

Der Tiger gehörte zu den Verkaufsschlagern unter den Modellen der Raubtierreihe.

Der Tiger gehörte zu den ersten Modellen der bekannten Raubtierreihe von Eicher. Er war auch eines der erfolgreichsten Modelle. In den knapp vier Jahren, in denen er in dem Eicher-Werk in Forstern vom Band lief, wurde er 6.000-mal verkauft. Der Öffentlichkeit wurde der Tiger zum ersten Mal 1958 vorgestellt. Im folgenden Jahr ging er in Serienproduktion. Angetrieben wurde er von einem zweizylindrigen luftgekühlten Eicher-Motor. Das Getriebe stammte von der Zahnradfabrik Friedrichshafen und bot acht Vorwärts- und vier Rückwärtsgänge. Die Höchstgeschwindigkeit lag bei 20 Stundenkilometern. Es waren vor allem mittelgroße Betriebe, die der 25 PS leistende Schlepper als Zielgruppe hatte.

▶ Wussten Sie schon?

Die erste Generation der Raubtierreihe war an den besonderen Haltern für die Scheinwerfer zu erkennen.

TECHNISCHE DATEN	
Bauzeit	1959–1962
Motor	Eicher EDK 2
Getriebe	8V 4R
Leistung	25 PS
Hubraum	1963 ccm
Zylinder	2
Höchstgeschwindigkeit	20 km/h
Länge	3024 mm
Gewicht	1500 kg

Mit dem Brillant beginnt die letzte Phase im Schlepperbau von Hanomag, die jedoch noch so manche Neuheit mit sich brachte.

179 Hanomag R 442 Brillant

Hanomag stellte 1960 mit den Modellen Brillant und Robust zwei Traktoren vor, die den Beginn einer neuen Schleppergeneration einläuteten.

TECHNISCHE DATEN	
Bauzeit	1960–1962
Motor	Hanomag D 28 R 442
Getriebe	5V 1R
Leistung	42 PS
Hubraum	2799 ccm
Zylinder	4
Höchstgeschwindigkeit	20 km/h
Länge	3170 mm
Gewicht	2175 kg

Der Robust unterschied sich lediglich durch ein Roots-Gebläse, mit dem die Motorleistung erhöht werden konnte. Der Brillant hatte 42 PS. Diese Leistungssteigerung erreichte er gegenüber seinem Vorgänger, dem R 435 durch Drehzahlerhöhung. Wichtige Neuerung war der optionale Hanomag-Pilot. Dieses Hydrauliksystem war eine Hubwerksregelung, die für die optimale Arbeitstiefe der angehängten Maschinen sorgte. Nicht innovativ, aber weiterhin sehr zuverlässig war der Motor D 28, den Hanomag schon kurz nach dem Krieg erstmals in einen Traktor gebaut hatte.

Fendt Fix 2

180

Mit dem Fix 1 hatte Fendt 1958 das kleinste Modell der neuen ff-Baureihe vorgestellt. Bereits im Jahr darauf stellte Fendt dessen Nachfolger vor: den Fix 2. Dessen Motorhaube wurde anders als beim Fix 1 dem Design der größeren Geschwister Favorit und Farmer angepasst. Weitere Neuerungen waren das optionale Allwetterverdeck mit Panoramascheibe, asymmetrisches Abblendlicht, eine Seilwinde und der Startostop. Auf Wunsch konnte man ein Dreigang-Kriechgetriebe erhalten.

Den Fix 2 gab es wie in diesen Jahren die meisten Fendt-Modelle in einer luftgekühlten und einer wassergekühlten Version. Die wassergekühlte hatte 18 PS, die luftgekühlte mit dem moderneren MWM-Motor brachte es auf 19 PS. Der Fix 2 war sehr erfolgreich und wurde fast zehntausendmal verkauft. Nach der Umstellung auf die eckige Motorhaube gab es den Fix 2 noch eine Zeit lang im Stil der modernen Serie.

Die genannten Daten entsprechen denen für die luftgekühlte Version des Fix 2.

▶ Wussten Sie schon?
Während die luftgekühlte Version nur bis 1962 gebaut wurde, konnte man den wassergekühlten Fix 2 bis 1964 kaufen.

TECHNISCHE DATEN	
Bauzeit	1959–1970
Motor	MWM AKD 311 Z
Getriebe	6V 2R
Leistung	19 PS
Hubraum	1400 ccm
Zylinder	2
Höchstgeschwindigkeit	20 km/h
Länge	2890 mm
Gewicht	1265 kg

Den Fix 2 gab es in einer luftgekühlten und einer wassergekühlten Version. Die wassergekühlte hatte 18 PS, die luftgekühlte 19 PS.

181 Porsche-Diesel Standard T

Außer am Heck konnte der Standard T auch zwischen den Achsen Geräte anbauen.

Der 1960 eingeführte Standard T gehörte gemeinsam mit dem Standard Star zu den Nachfolgern der ersten Standard-Modelle. Was ihn vom Standard Star unterschied, war vor allem die geringere Motorleistung, die nur bei 20 PS lag. Mit einem Verkaufspreis von 7.300 DM war er jedoch billiger als sein größerer Bruder. Durch seinen Zwischenachsanbauraum gehörte der Standard T zu den Tragschleppern. Seine Produktion wurde nach 6.800 gebauten Exemplaren 1962 eingestellt.

TECHNISCHE DATEN	
Bauzeit	1960–1962
Motor	Porsche-Diesel 4-Takt
Getriebe	8V 2R
Leistung	20 PS
Hubraum	1374 ccm
Zylinder	2
Höchstgeschwindigkeit	20 km/h
Länge	2890 mm
Gewicht	1125 kg

182 David Brown 850

Die David-Brown-Traktoren hatten anfangs eine rote Farbe. Später wurden sie weiß-braun.

Eine der bekanntesten englischen Traktormarken wurde 1939 von dem Unternehmer David Brown ins Leben gerufen. Brown war bereits 1936 gemeinsam mit Harry Ferguson in die Traktorenproduktion eingestiegen, hatte sich aber von seinem Partner wieder getrennt. Die David-Brown-Traktoren wurden in Meltham, östlich von Manchester, produziert und von dort aus auch exportiert. Das Modell 850 kam 1960 auf den Markt. Der wassergekühlte Motor stammte aus eigener Produktion.

TECHNISCHE DATEN	
Bauzeit	1960–1963
Motor	David Brown 4-Takt Diesel
Getriebe	6V 2R
Leistung	35 PS
Hubraum	2523 ccm
Zylinder	4
Höchstgeschwindigkeit	24 km/h
Länge	2900 mm
Gewicht	1900 kg

Eicher Puma (ES 200)

Der Puma aus der bekannten Raubtierreihe war der erste in seiner Konzeption und Ausführung als Schlepper für Sonderkulturen gedachte Traktor, somit der erste echte Schmalspurschlepper der oberbayrischen Schlepperschmiede Eicher. Den Anstoß hatte der französische Eicher-Händler Bara aus Versailles gegeben, der an gute Verkäufe bei seinen Winzern dachte.

Eicher hat den ES 200, so die technische Bezeichnung des Puma, mit dem hauseigenen Zweizylindermotor EDK 2 mit 28 PS versehen. Das leistungsfähige Sechsgang-Getriebe stammte von ZF. Zum Anbau von Frontgeräten besaß der Puma eine Frontporta. Bei schwierigen Hanglagen war es möglich, die Spur zu verbreitern, so dass der Schlepper einen sicheren Stand hatte. Im Normalzustand hatte der Puma eine Breite von unter einem Meter. So kompakt war kein anderes Fahrzeug nicht nur im Erscheinungsjahr, sondern auch sehr lange später. In nur zwei Jahren bestellten tausend Kunden einen Puma, dann kam der Nachfolger auf den Markt.

▶ Wussten Sie schon?
Den Motor des Puma Eicher EDK 2 erhielt ein Jahr später auch der Standardtraktor Tiger von Eicher.

TECHNISCHE DATEN

Bauzeit	1960–1961
Motor	Eicher EDK 2
Getriebe	6V 1R
Leistung	28 PS
Hubraum	1963 ccm
Zylinder	2
Höchstgeschwindigkeit	28 km/h
Länge	2370 mm
Gewicht	985 kg

Der Puma war der erste speziell für seine Aufgaben konstruierte Schmalspurschlepper.

184 John Deere 3010

Der 3010 wurde in Mannheim in einer für den europäischen Markt angepassten Ausführung hergestellt.

Der John Deere 3010 war ein Modell das in drei Werken gebaut wurde, in Waterloo, in Mexiko und im ehemaligen Lanz-Werk in Mannheim. Das Mannheimer Modell wurde mit einem modernen 65 PS starken Viertakt-Dieselmotor aus eigener Produktion ausgerüstet. Das für den nordamerikanischen Markt hergestellte Modell konnte dagegen mit Benzin und LP-Gas betrieben werden und leistete 60 beziehungsweise 56 PS. Die Servolenkung und das Synchrongetriebe gehörten beim John Deere 3010 zur Standardausstattung. Das Getriebe bot in der Normalausführung sieben Vorwärts- und drei Rückwärtsgänge. Auf Wunsch war das Modell mit einem zusätzlichen Vorwärtsgang erhältlich. In Mannheim wurden vom 3010 nur 141 Exemplare hergestellt.

▶ Wussten Sie schon?

In Europa galt der John Deere 3010 als Großschlepper, in Amerika als mittelschwerer Traktor.

TECHNISCHE DATEN

Bauzeit	1960–1964
Motor	John Deere
Getriebe	7V 3R
Leistung	65 PS
Hubraum	4164 ccm
Zylinder	4
Höchstgeschwindigkeit	32 km/h
Länge	3750 mm
Gewicht	3160 kg

185

Güldner A 3 K – Burgund

Zusammen mit Fahr hatte Güldner 1959 die „Europa"-Reihe ins Leben gerufen. Beide verkauften die gleichen Schlepper, allerdings im Design des jeweiligen Unternehmens. In der 25-PS-Klasse setzte Güldner auf einen Dreizylinder-Motor. Das Modell mit der technischen Bezeichnung A 3 K erhielt den Verkaufsnamen Burgund. Der luftgekühlte Motor war eigentlich anspruchslos und arbeitete ruhig, hatte aber das Problem, dass der hintere Zylinder nicht genügend Kühlung bekam.

Der Dreizylindermotor dieses Modells war ein großes Problem für den Burgund.

TECHNISCHE DATEN	
Bauzeit	1960–1962
Motor	Güldner 3 LKN
Getriebe	8V 4R
Leistung	25 PS
Hubraum	1320 ccm
Zylinder	3
Höchstgeschwindigkeit	20 km/h
Länge	3140 mm
Gewicht	1470 kg

186

Eicher Leopard

Der Leopard, dessen technische Bezeichnung EM 100 lautete, war das kleinste Mitglied der Raubtierreihe von Eicher. Er wurde von 1960 bis 1966 hergestellt und verkaufte sich in dieser Zeit über 5.300-mal. Zur Standardausstattung des Leopard gehörten eine doppelt gefederte Vorderachse und ein Balkenmähwerk, das sich innerhalb einer Minute an- oder abbauen ließ. Der Motor stammte von Eicher und besaß einen Zylinder.

Der Leopard war ein Modell der Raubtierreihe.

TECHNISCHE DATEN	
Bauzeit	1960–1966
Motor	Eicher EDK 1
Getriebe	6V 2R
Leistung	15 PS
Hubraum	981 ccm
Zylinder	1
Höchstgeschwindigkeit	20 km/h
Länge	2520 mm
Gewicht	939 kg

187 MAN 4 P 1

Die Motoren von MAN waren bei aller Robustheit sehr leicht und enorm leistungsfähig.

Der 4 P 1 war zusammen mit seiner Hinterradantriebsversion 2 P 1 der einzige Schlepper in der Geschichte von MAN mit einem Dreizylinder-Motor. Die beiden zusammen verkauften sich für MAN-Verhältnisse hervorragend. 4.630 Kunden erwarben einen solchen Traktor. Das Getriebe von ZF war das Gruppenschaltgetriebe A 210 mit acht Vorwärts- und vier Rückwärtsgängen. Zu dem reichhaltigen Zubehör gehörte auch ein Frontlader, den man sich auf Wunsch gleich montiert liefern lassen konnte.

TECHNISCHE DATEN	
Bauzeit	1960–1963
Motor	D 8613 M 1/2
Getriebe	8V 4R
Leistung	35 PS
Hubraum	1915 ccm
Zylinder	3
Höchstgeschwindigkeit	28 km/h
Länge	3340 mm
Gewicht	1920 kg

188 Hanomag R 460

Die Variante ATK erreichte sogar eine Geschwindigkeit von 32 km/h.

Mit der Leistung von 60 PS war der R 460 der bis dahin stärkste Traktor, den es bei Hanomag je zu kaufen gab. Erst mit der Vorstellung des Robust 800 im Jahr 1964 sollte sich das dann ändern. Der R 460 geht auf den R 40 zurück, in den verschiedenen Entwicklungsstufen war der Motor D 52 – aufgebohrt als D 57 – mehrfach optimiert worden. Sein unmittelbarer Vorgänger war der R 455. Hanomag bot auch eine Schnellgangversion R 460 S und einen für den Einsatz auf Straßen optimierten Typ R 460 ATK.

TECHNISCHE DATEN	
Bauzeit	1960–1964
Motor	Hanomag D 57 R 460
Getriebe	10V 1R
Leistung	60 PS
Hubraum	5702 ccm
Zylinder	4
Höchstgeschwindigkeit	32 km/h
Länge	3810 mm
Gewicht	3430 kg

Porsche-Diesel Standard Star

189

Mit dem Standard, der 1957 in Produktion ging, ersetzte Porsche-Diesel den aus dem Allgaier-Programm übernommenen P 122. Der Standard erfüllte die Aufgabe eines Allzwecktraktors im mittleren Leistungsbereich. 1960 erneuerte Porsche-Diesel mit der Einführung des Standard Star die Baureihe. Von seinen Vorgängern unterschied sich der neue Standard durch die höhere Motorleistung und durch das neue Getriebe, das nun acht Vorwärts- und zwei Rückwärtsgänge bot. Neben dem Heck- und dem Zwischenachsanbauraum konnte der Standard Star auch an der Vorderseite mit einem Kraftheber und einer Zapfwelle ausgestattet werden. Der Kaufpreis des Standard Star lag bei ungefähr 8.850 DM.

▶ Wussten Sie schon?
Der Standard Star konnte bis zu drei Anbauräume haben.

TECHNISCHE DATEN	
Bauzeit	1960–1963
Motor	Porsche-Diesel 4-Takt
Getriebe	8V 2R
Leistung	30 PS
Hubraum	1750 ccm
Zylinder	2
Höchstgeschwindigkeit	20 km/h
Länge	3470 mm
Gewicht	1550 kg

Mit dem Standard Star erhöhte Porsche-Diesel 1960 die Leistungskraft seiner Mittelklassetraktoren.

190 Fendt Farmer 2

Als den „Triumph der Technik" bewarb Fendt voller Stolz – und nicht zu Unrecht – dieses Modell. Der Farmer 2 ersetzte bereits 1960 den Farmer 1, allerdings gab es ihn nur noch mit Wasserkühlung. Die PS-Leistung war gegenüber dem Farmer 1 auf 34 PS erhöht, ab 1963 waren es 35 und später sogar 38 PS. Die bessere Leistung beruhte auf der Verwendung eines Dreizylindermotors. Auch die Lenkungskonstruktion war anders: Eine stark dimensionierte, für Frontlader geeignete leichtgängige Gemmerlenkung lief in Öl. Sie verringerte den Kraftaufwand beim Lenken und war besonders beim Rangieren ungemein hilfreich. Gas geben konnte man per Hand oder mittels Pedal. In der Schnellgangausführung erreichte das Modell 30 km/h, ansonsten lediglich 20.

Der Farmer 2 erreichte eine Stückzahl von 23.405.

▶ Wussten Sie schon?
Der 100.000ste verkaufte Fendt-Schlepper, ein Farmer 2, steht heute vergoldet im Museum der Firma.

TECHNISCHE DATEN

Bauzeit	1960–1970
Motor	MWM KD 10,5 D
Getriebe	6V 2R
Leistung	34 PS
Hubraum	2010 ccm
Zylinder	3
Höchstgeschwindigkeit	30 km/h
Länge	3260 mm
Gewicht	1800 kg

Der Farmer 2 ist der meistverkaufte Fendt-Typ überhaupt.

Der G 280 Kombi war der erfolgreichste Geräteträger aus dem Hause Eicher.

191

Eicher G 280 Kombi

Die ungenügende Motorleistung stellte bei den Geräteträgern mancher Hersteller ein Problem dar. Eicher brachte deshalb 1960 ein neues Modell für PS-hungrige Kunden auf den Markt. Der G 280 Kombi war mit einem Motor ausgestattet, der 28 PS leistete. Zwei Jahre nach Produktionsbeginn wurde die Motorleistung sogar auf 30 PS erhöht. Es handelte sich um das gleiche Antriebsaggregat, das bereits beim Tiger EM 200 zum Einsatz gekommen war. Auch die Hubkraft wurde gegenüber früheren Modellen verstärkt. Die Kunden wussten die Kraftsteigerung zu schätzen, denn der G 280 Kombi verkaufte sich über 1.000-mal und war damit der erfolgreichste Eicher-Geräteträger.

TECHNISCHE DATEN	
Bauzeit	1960–1964
Motor	Eicher EDK 2-3
Getriebe	8V 4R
Leistung	28 PS
Hubraum	1963 ccm
Zylinder	2
Höchstgeschwindigkeit	20 km/h
Länge	3940 mm
Gewicht	1800 kg

Sulzer aus Harthausen bei Augsburg fertigte in kleineren Auflagen Konfektionsschlepper, die jeden Sonderwunsch des Kunden erfüllten.

192

Sulzer S 14 L

Nicht nur im südbayerischen Raum, sondern auch in der Schweiz und Frankreich sind die Traktoren von Sulzer zu finden. Es war typisch für die Produktion bei Sulzer, dass er hauptsächlich kleinere Schlepper anbot. Zu diesen leichten Traktoren gehörte auch der S 14 L, der um 1961 angeboten wurde. Die Bezeichnung war klar definiert: S stand natürlich für Sulzer, 14 war die PS-Leistung und der angehängte Buchstabe L bedeutete luftgekühlt. Der Motor stammte von Deutz. Er war der gleiche, der auch in der D-Reihe dieses Herstellers eingebaut wurde. Dazu hatte der S 14 L ein Getriebe mit sechs Vorwärts- und zwei Rückwärtsgängen. Ein Jahr nach dem Bau des abgebildeten Modells musste Sulzer 1962 den Schlepperbau einstellen.

TECHNISCHE DATEN	
Bauzeit	1961
Motor	Deutz F1L 712
Getriebe	6V 2R
Leistung	14 PS
Hubraum	850 ccm
Zylinder	1
Höchstgeschwindigkeit	20 km/h
Länge	k.A.
Gewicht	950 kg

Eicher Mammut II

Der Mammut II gehörte zu den leistungsstärksten Schleppern der Raubtierreihe.

Die von Eicher 1959 erfolgreich gestartete Raubtierreihe wurde nach und nach durch weitere Modelle erweitert. Dazu gehörte ein Schlepper, der Mammut genannt wurde. Dies war zwar kein Raubtiername, aber die Bezeichnung erinnerte an ein großes, starkes Tier, und dem entsprach der Mammut mit seiner Motorleistung von 45 PS auch. Noch im gleichen Jahr gesellte sich ein weiteres starkes Modell zur Baureihe. Es hieß Mammut II und besaß die technische Bezeichnung EM 600. Was diesen Schlepper von dem anderen Mammut unterschied, war der neuere und stärkere Motor. Der luftgekühlte Vierzylinder-Motor des EM 600 leistete 55 PS. 1964 wurde die Leistung auf 60 PS erhöht. Das von ZF gelieferte Getriebe besaß acht Vorwärts- und vier Rückwärtsgänge. Die Höchstgeschwindigkeit lag in der Normalausführung bei 20 km/h. Auf Wunsch war das Getriebe mit einem Schnellgang erhältlich. In dieser Version konnten 28 Stundenkilometer auf der Straße erreicht werden.

▶ Wussten Sie schon?

Eine starke Hydraulik und ein Kraftheber mit 1.600 kg Hubkraft gehörten zur Standardausstattung des Mammut II.

TECHNISCHE DATEN

Bauzeit	1962–1964
Motor	EDK 4
Getriebe	8V 4R
Leistung	55 PS
Hubraum	3927 ccm
Zylinder	4
Höchstgeschwindigkeit	20 km/h
Länge	3520 mm
Gewicht	2150 kg

MAN 4 R 3

Der Höhepunkt der letzten Schleppergeneration von MAN war das Modell 4 R 3. So schaffte der 4 R 3 eine Leistung 45 PS aus einem Hubraum von nur 2.553 ccm. Der kompakte Motor arbeitete nach dem patentierten M-Verfahren von MAN. Der Kraftstoff verbrannte in einem kugelförmigen Brennraum in der Mitte des Kolbens. Dadurch war der Motor sehr leise, bot eine hohe Leistung und hatte hervorragende Laufeigenschaften. Das Getriebe ZF A 216 hatte acht Vorwärts- und vier Rückwärtsgänge mit Kriechgängen. Auffallend war der niedrige Schwerpunkt des 4 R 3.

Wussten Sie schon?

Bis zur Einstellung der Schlepperfertigung bei MAN wurde dieses Modell gebaut, das sicher zu den bedeutendsten des Herstellers zählt.

Dank ihrem in diesen Jahren noch seltenen Allradantrieb waren die Modelle von MAN ohnehin schon technologisch sehr weit vorn. Es gab von diesem Modell aber auch eine Version mit Hinterradantrieb. Der Name lautete 2 R 3. Beide Typen wurden bis zur Einstellung des Schlepperbaus bei MAN 1963 gebaut. Insgesamt produzierte MAN jedoch lediglich 2.026 Fahrzeuge. Für den bayerischen Konzern waren Segmente wie der Lkw-Bau lukrativer.

TECHNISCHE DATEN

Bauzeit	1961–1963
Motor	D 8614 M 1/2/3
Getriebe	8V 4R
Leistung	45 PS
Hubraum	2553 ccm
Zylinder	4
Höchstgeschwindigkeit	27 km/h
Länge	3300 mm
Gewicht	2200 kg

Der 4 R 3 zeichnete sich durch seine besonders niedrige Bauweise aus.

Deutz D 40 L

Der D 40 L wurde innerhalb kürzester Zeit der meistverkaufte Schlepper in Deutschland.

Das „L" dieses Traktors steht für „leicht". Er wog nämlich mit 1.610 kg ein gutes Stück weniger als die anderen Modelle in dieser Leistungsklasse. 1962 stellte Deutz dieses Fahrzeug vor und schon innerhalb kürzester Zeit avancierte der D 40 L zum meistverkauften Schlepper in Deutschland. Damit überflügelte er den D 30 aus der eigenen Firma, denn Deutz war damals fast konkurrenzloser Marktführer. Natürlich war der D 40 L auch im Ausland ein gut verkauftes Modell. Der D 40 L hatte die technischen Bezeichnungen D 40.2-UF; D 40.2-UFS; D 40.2-NF; D 40.2-NFS, je nach Ausstattungsmerkmalen der Zapfwelle. Ab 1964 wurde der neu entwickelte Motor F3L 812 eingebaut. Die Leistungswerte wurden so deutlich besser, beispielsweise konnte der D 40 L durch seine verbesserte Wendigkeit einen kleineren Wendekreisradius erreichen als sein Deutz-interner Hauptkonkurrent.

Der Traktor hatte die neue Deutz-Regelhydraulik Transfermatic und ein neues Getriebe, das Deutz in Kooperation mit Porsche-Diesel entwickelt hatte.

TECHNISCHE DATEN	
Bauzeit	1962–1965
Motor	Deutz F3L 712
Getriebe	8V 2R
Leistung	35 PS
Hubraum	2550 ccm
Zylinder	3
Höchstgeschwindigkeit	30 km/h
Länge	3245 mm
Gewicht	1610 kg

196

Fendt F 225 GT

Der F 225 GT war der dritte Geräteträger, den Fendt auf den Markt brachte. Dass der allgäuer Traktorhersteller mit seinen Geräteträgern Erfolg hatte, zeigte sich bei den Verkaufszahlen, die mit jedem neuen Modell anstiegen. Mit seinen 25 PS Leistung war der F 225 GT auch ganz gut motorisiert. Der luftgekühlte Zweizylinder-Motor von MWM befand sich unter einer kleinen, abgeschrägten Motorhaube direkt vor dem Lenkrad. Die Luftkühlung hatte den Vorteil, dass sie half, am knapp vorhandenen Platz zu sparen. Zum Erfolg des Fendt-Geräteträgers trug sicherlich auch der Umstand bei, dass es sich wirklich um ein Einmannsystem handelte, bei dem eine Person die Arbeitsgeräte schnell an- und abbauen konnte. Vom F 225 GT wurden bis 1965 ungefähr 8.110 Exemplare hergestellt. Der Listenpreis lag 1961 bei etwa 10.490 DM.

▶ Wussten Sie schon?

Das Fendt-Einmannsytem ermöglichte den schnellen An- und Abbau von Arbeitsgeräten durch eine Person.

TECHNISCHE DATEN

Bauzeit	1961–1965
Motor	MWM AKD 112 Z
Getriebe	8V 4R
Leistung	25 PS
Hubraum	1810 ccm
Zylinder	2
Höchstgeschwindigkeit	20 km/h
Länge	3528 mm
Gewicht	1480 kg

Der gut motorisierte F 225 GT trug wesentlich zum Erfolg der Fendt-Geräteträger bei.

197

IHC D-326

Der D-326 gehörte zu den Modellen, die in dem IHC-Werk in Neuss am Rhein hergestellt wurden. Das Standardgetriebe besaß sechs Vorwärtsgänge und einen Rückwärtsgang. Auf Wunsch konnte der Käufer seinen Schlepper mit einer Getriebeversion mit

Der D-326 zählte zu den Verkaufsschlagern aus Neuss am Rhein. Das Dach war optional.

acht Vorwärts- und zwei Rückwärtsgängen ausstatten lassen. Mit seinen 24 PS zählte der D-326 zu den Mittelklasseschleppern seiner Zeit. Er befand sich bis 1965 in Produktion und verkaufte sich annähernd 15.500-mal.

TECHNISCHE DATEN	
Bauzeit	1962–1965
Motor	IHC DD-111
Getriebe	6V 1R
Leistung	24 PS
Hubraum	1825 ccm
Zylinder	3
Höchstgeschwindigkeit	20 km/h
Länge	2750 mm
Gewicht	1350 kg

198

Güldner A 3 KTA – Burgund T

Güldner überarbeitete nach dem Ausstieg von Fahr aus der Europa-Reihe 1962 seine Modelle und gab ihnen bessere luftgekühlte Motoren mit vergrößertem Hubraum. In dieser Version konnten die Mängel des ersten Burgund beseitigt werden. Es gab zwei Versionen:

Der Burgund T konnte nicht nur mit Zwischenachsgeräten, sondern auch mit Frontlader arbeiten.

die normale (A 3 KA; Burgund) und eine Tragschlepper-Variante (A 3 KTA; Burgund T). Diese zeichnete sich durch einen größeren Radstand und somit eine bessere Nutzfläche im Zwischenachsbereich aus.

TECHNISCHE DATEN	
Bauzeit	1962–1965
Motor	Güldner 3 LKA
Getriebe	8V 4R
Leistung	25 PS
Hubraum	1500 ccm
Zylinder	3
Höchstgeschwindigkeit	20 km/h
Länge	3380 mm
Gewicht	1580 kg

199

Deutz D 30 S

Der Unterschied zum D 30 war, dass der D 30 S eine Doppelkupplung besaß.

Das Modellpaar D 30 und D 30 S wurde 1960 vorgestellt. Der D 30 S hatte neben der Wegzapfwelle noch eine zusätzliche Motorzapfwelle. Das Getriebe T 25 8/2 war aus einer Kooperation mit Porsche-Diesel entstanden. Der D 30 S (technische Bezeichnungen D 30-NF, bzw. später D 30-NFG) hatte eine Leistung von 28 PS. Eine Zeitlang war er das meistverkaufte Modell in Deutschland. Auf Wunsch konnte er mit Hydraulik, Dreipunkt-Aufhängung oder Frontlader aufgerüstet werden.

TECHNISCHE DATEN	
Bauzeit	1961–1965
Motor	Deutz F2L 712
Getriebe	8V 2R
Leistung	28 PS
Hubraum	1700 ccm
Zylinder	2
Höchstgeschwindigkeit	28 km/h
Länge	3040 mm
Gewicht	1330 kg

200

Deutz D 80

Im Jahr nach der Vorstellung des D 80 ging die neue Baureihe 05 an den Start.

Der D 80 ging als erster Sechszylinder-Traktor von Deutz in die Geschichte ein. Natürlich wurde er damit auch der stärkste bis dahin gebaute Deutz. Der Name täuscht etwas, denn die PS-Leistung betrug „nur“ 75 PS. 1964 gehörte er damit dennoch zu den stärksten in Deutschland gebauten Schleppern. Das vielfältige Zubehör war in der bekannten Güte der D-Klasse. Die Deutz-Regelhydraulik Transfermatic war serienmäßig, ebenso die Doppelkupplung.

TECHNISCHE DATEN	
Bauzeit	1964–1965
Motor	Deutz F6L 812
Getriebe	8V 4R
Leistung	75 PS
Hubraum	5100 ccm
Zylinder	6
Höchstgeschwindigkeit	30 km/h
Länge	4090 mm
Gewicht	3720 kg

Eicher Tiger EM 200/B

Als Mitglied der erneuerten Raubtierreihe setzte der Tiger seinen Erfolgskurs fort.

Der Tiger war ein Modell der erfolgreichen Raubtierreihe, die von Eicher 1959 gestartet wurde. Mit dieser Baureihe machte sich Eicher einen Namen als innovatives und qualitätsbewusstes Unternehmen. 1962 wurden die Raubtiermodelle äußerlich und technisch überholt. Der erneuerte Tiger besaß wie der Vorgänger die technische Bezeichnung EM 200. Um ihn von dem älteren Modell zu unterscheiden, wird ihm manchmal der Zusatz „B" gegeben.

Mit seinem Zweizylinder-Motor, der eine Leistung von 28 PS bot, gehörte der Tiger zur Gruppe der Allzwecktraktoren für mittelgroße Betriebe. Das Gruppenschaltgetriebe wurde von ZF geliefert und bot acht Vorwärts- und vier Rückwärtsgänge. Die Höchstgeschwindigkeit lag bei der Normalausführung bei 20 Stundenkilometern. Mit der Schnellgangausführung konnten bis zu 28 km/h erreicht werden.

In den sechs Jahren, in denen der Tiger der erneuerten Raubtierreihe gebaut wurde, fanden fast 9.200 Exemplare einen Abnehmer.

▶ Wussten Sie schon?

Um dem steigenden Bedarf nach mehr Motorleistung entgegenzukommen, erhöhte man die PS-Zahl des neuen Tigers.

TECHNISCHE DATEN

Bauzeit	1962–1968
Motor	Eicher EDK 2
Getriebe	8V 4R
Leistung	28 PS
Hubraum	1963 ccm
Zylinder	2
Höchstgeschwindigkeit	20 km/h
Länge	2990 mm
Gewicht	1600 kg

Hürlimann D 800

Hürlimann gilt vielen als der Rolls-Royce unter den Traktoren. Und dies nicht nur wegen der äußersten Sorgfalt im Herstellungsprozess, sondern auch wegen der hohen Leistungskraft der Modelle. Obwohl die Schweiz ein Land ist, in dem große Ackerflächen selten sind, wagte sich Hürlimann 1964 an ein ganz großes Geschäft. Er baute mit dem D 800 einen Traktor, der den deutschen Spitzenmodellen der Zeit PS-mäßig überlegen war. Das Modell erreichte schon amerikanische Dimensionen.

Der D 800 hatte einen Vierzylindermotor, zehn Vorwärts- und zwei Rückwärtsgänge. Die Hinterräder waren angetrieben. Einen fehlenden Allradantrieb sollten Ackerstollen ausgleichen. Leider gelang es nicht, mit dem Modell Fuß zu fassen. In den drei Jahren Bauzeit wurden gerade mal 24 Schlepper gebaut. Zu wenig, um bestehen zu können. Interessant ist die aus nur drei Exemplaren bestehende Industrieversion mit geschlossenem Fahrerraum, Allradbremse und deshalb einer Zulassung für 60 km/h.

TECHNISCHE DATEN

Bauzeit	1964–1967
Motor	Hürlimann D 800
Getriebe	10V 2R
Leistung	94 PS
Hubraum	6124 ccm
Zylinder	4
Höchstgeschwindigkeit	20,4 km/h
Länge	3950 mm
Gewicht	4980 kg

Drei Fahrzeuge wurden als Industrieschlepper mit einem festen Fahrerhaus gebaut.

Eicher Königstiger EM 300/B 203

Der Königstiger EM 300/B besaß drei PS mehr als sein Vorgänger. 1965 wurde seine Motorleistung auf 40 PS erhöht.

Der Königstiger war der größere Bruder des Tigers. Er gehörte bereits zur Raubtierreihe als sie 1959 gestartet wurde. Unter der Bezeichnung EM 300/B war er auch Mitglied der erneuerten Raubtierreihe, die ab 1962 produziert wurde. Die kombinierte Verkaufszahl des Königstigers der ersten Generation und der erneuerten Reihe lag bei 15.600 Exemplaren. Damit war der 38-PS-Schlepper ein großer Erfolg. Einen Beitrag dazu leisteten sicherlich auch die zuverlässigen luftgekühlten Eicher-Motoren, die bei diesem Modell drei Zylinder und einen Hubraum von drei Litern besaßen. In der Normalausführung war der Königstiger 20 km/h schnell. Mit dem optionalen Schnellgang konnte er auf der Straße 28 Stundenkilometer erreichen.

▶ Wussten Sie schon?

Der Königstiger kann nicht nur auf Oldtimer-Treffen bewundert werden, er befindet sich oft auch noch im Einsatz.

TECHNISCHE DATEN

Bauzeit	1962–1968
Motor	Eicher EDK 3
Getriebe	8V 4R
Leistung	38 PS
Hubraum	2944 ccm
Zylinder	3
Höchstgeschwindigkeit	20 km/h
Länge	3240 mm
Gewicht	1850 kg

204

Fendt Favorit 3

Der Favorit 3 ersetzte 1964 die Favoriten 1 und 2. Mit seinen 52 PS (ab 1966: 55 PS) hatte Fendt die Leistung seines größten Modells noch einmal erhöht. Um diesen Anforderungen gerecht zu werden, wurde erstmals in der Geschichte der Allgäuer Schlepperbauer ein Vierzylinder-Motor verwendet. Mit einem Aufladegebläse erreichte der Motor sogar 75 PS. Das Halbsynchrongetriebe verfügte über 21 Gänge von 250 m/h bis 20 km/h. Alle Aufbauteile waren gummigelagert, so dass es kaum noch zu störenden Vibrationen kommen konnte. Für Exportmodelle, die in tropischen Gefilden eingesetzt werden sollten, hielt Fendt eine spezielle Sonderausrüstung bereit. Es gab auch eine Allradversion Favorit 3 A.

▶ **Wussten Sie schon?**

Der Motor des Favorit 3 verbrauchte noch 4,4 Liter in der Stunde. Der Vierzylinder-Diesel stammte von der Firma MWM.

TECHNISCHE DATEN

Bauzeit	1964–1967
Motor	MWM KD 210,5 V
Getriebe	16V 4R
Leistung	52 PS
Hubraum	2800 ccm
Zylinder	4
Höchstgeschwindigkeit	20 km/h
Länge	3670 mm
Gewicht	2600 kg

Der Favorit 3 war der letzte Favorit mit der abgerundeten „ff"-Motorhaube.

Äußerlich waren die Modelle der 3000er-Reihe leicht von den Vorgängern zu unterscheiden.

205

Eicher Tiger II

Der Tiger II gehörte zur 3000er-Reihe, mit der Eicher 1968 die Raubtierreihe ablöste. Als Verkaufsbezeichnungen besaßen die Modelle der neuen Baureihe die gleichen Namen wie die Vorgängerreihe. Die 3000er bestanden jedoch aus mehr Modellen, weswegen es einen Tiger I, Tiger II, Königstiger I, Königstiger II und so weiter gab. Der Tiger II unterschied sich vom Tiger I unter anderem durch den luftgekühlten Dreizylinder-Motor, der eine Leistung von 35 PS erbrachte. Die Höchstgeschwindigkeit lag bei 20 Stundenkilometern. Mit dem optionalen Schnellgang konnten 28 km/h erreicht werden. Der Tiger II war nur mit Hinterradantrieb erhältlich.

TECHNISCHE DATEN	
Bauzeit	1963–1968
Motor	Eicher EDK 3a
Getriebe	8V 4R
Leistung	32 PS
Hubraum	2550 ccm
Zylinder	3
Höchstgeschwindigkeit	20 km/h
Länge	3150 mm
Gewicht	1690 kg

206

Roter Stern Dutra D4K-B

Der D4K-B wurde auch exportiert, allerdings oft mit anderen Motoren.

Die Dutra-Schlepper wurden in dem ungarischen Traktorenwerk „Roter Stern" hergestellt. Dieses Werk war wiederum durch die Verstaatlichung des Unternehmens Hofherr-Schrantz-Clayton-Shuttleworth entstanden. Der Rote Stern war in der sozialistischen Planwirtschaft Ungarns dafür zuständig, die großflächigen landwirtschaftlichen Betriebe mit Traktoren zu versorgen. Von 75.000 Schleppern, die vom Roter-Stern-Werk produziert wurden, waren 15.000 vom Typ D4K-B. Der Großschlepper wurde auch in andere Länder exportiert. Der mit Abstand größte Abnehmer war die DDR, die ungefähr 4.000 Exemplare erhielt. Eine geringere Anzahl gelangte nach Österreich, England, Frankreich, Dänemark und Schweden.

▶ **Wussten Sie schon?**
Der Dutra ist leicht an dem kurzen Radstand und der langen Nase zu erkennen.

TECHNISCHE DATEN

Bauzeit	1964–1975
Motor	Csepel DT 613.15
Getriebe	6V 2R
Leistung	90 PS
Hubraum	7983 ccm
Zylinder	6
Höchstgeschwindigkeit	24,5 km/h
Länge	5020 mm
Gewicht	5100 kg

Güldner G 50 A

1962 führte Güldner die neue Motorbaureihe L 79 ein. Dies war auch der Zeitpunkt einer neuen Traktorbaureihe, die mit dem Dreizylindermodell G 40 Toledo und dem Vierzylinderschlepper G 50 Gotland begann. Die geografischen Beinamen erinnerten noch an die Europa-Reihe, die in Zusammenarbeit mit Fahr produziert worden war. Der G 50 Gotland konnte eine Motorleistung von 48 PS vorweisen. 1963 wurde der Schlepper einer Überarbeitung unterzogen. Der Zusatzname verschwand, und die Nennleistung des Motors wurde durch eine Drehzahlsteigerung auf 50 PS angehoben. Neben der Ausführung mit Hinterradantrieb gab es nun mit dem G 50 A eine Allradvariante. Außerdem waren beide Versionen optional mit einem Schnellganggetriebe erhältlich. Der G 50 war bis zum Erscheinen des ersten Sechszylinder-Modells 1965 das stärkste Mitglied der G-Reihe von Güldner.

TECHNISCHE DATEN	
Bauzeit	1963–1969
Motor	Güldner 4 L 79
Getriebe	8V 4R
Leistung	50 PS
Hubraum	3140 ccm
Zylinder	4
Höchstgeschwindigkeit	20 km/h, optional 29,6 km/h
Länge	3716 mm
Gewicht	3985 kg

Der Käufer eines G 50 hatte die Auswahl zwischen verschiedenen Varianten. Dazu gehörte die Version mit Allradantrieb.

Die Zickler GmbH von der Weinstraße beauftragte Eicher 1966 mit einer verkürzten und noch kompakteren Version des Puma I.

208 Eicher Zickler (ES 207)

Der Puma I wurde 1965 überarbeitet und mit der technischen Bezeichnung ES 202 verkauft. Unter anderem waren die bisher seitlich angebrachten Scheinwerfer unter die Motorhaube gerutscht. Auch der Radstand wurde verlängert, was den neuen Puma etwas länger und „steifer" machte. Der Eicher-Händler Zickler wollte seinen Kunden – Winzern von der Weinstraße – eine kürzere Variante anbieten. Die oberbayrische Traktorfirma entsprach diesem Wunsch. 1966 wurden deshalb in zwei Baulosen 150 Exemplare des überarbeiteten Puma I verkürzt hergestellt und wurden dann unter der technischen Bezeichnung ES 207 exklusiv von der Zickler GmbH verkauft. Heute sind diese Fahrzeuge absolute Raritäten und zählen zu den begehrtesten Sammlerstücken.

▶ Wussten Sie schon?

Der Zickler wurde in nur 150 Exemplaren hergestellt und ist heute eine gesuchte Rarität.

TECHNISCHE DATEN	
Bauzeit	1966
Motor	Eicher EDK 2-3
Getriebe	6V 1R
Leistung	28 PS
Hubraum	1963 ccm
Zylinder	2
Höchstgeschwindigkeit	20 km/h
Länge	2300 mm
Gewicht	1200 kg

IFA ZT 300

Der ZT 300 wurde zum wichtigsten Traktor in der DDR. Weil die anderen Warschauer-Pakt-Staaten, die eigentlich mit der Traktorenproduktion beauftragt waren – vor allem die UdSSR und die Tschechoslowakei – nicht genug produzierten und in der DDR ein akuter Mangel an Schleppern herrschte, wurde in Schönebeck ab 1967 ein eigenes Modell gefertigt: der ZT 300, den es bis 1978, in einer 100-PS-Version sogar bis 1983, gab. Insgesamt wurden 72.400 Stück gebaut. Beim Motor hatte man sich das M-Verfahren von MAN genau angeguckt – und kopiert. Der Direkteinspritzer hatte vier Zylinder und leistete 90 PS.

In enger Zusammenarbeit mit einigen LPGs konnten Baumängel beseitigt werden und Verbesserungen eingeführt werden, die im täglichen Arbeitseinsatz überzeugten. Weil in der DDR die kleinen Höfe zu flächenmäßig enormen Produktionsgenossenschaften zusammengeführt worden waren, hatte sich schon lange vor der Bundesrepublik ein Bedarf an leistungsfähigen Großschleppern ergeben, den der ZT vorbehaltlos erfüllte.

TECHNISCHE DATEN

Bauzeit	1964–1978
Motor	Nordhausen 4 VD 14,5-12,4 SRW
Getriebe	9V 6R
Leistung	93 PS
Hubraum	6560 ccm
Zylinder	4
Höchstgeschwindigkeit	29 km/h
Länge	4690 mm
Gewicht	5195 kg

Der ZT 300 war ein mächtiger Großtraktor mit einer geräumigen Fahrerkabine.

210 Mercedes-Benz Unimog U 403

Der Unimog war seit dem ersten Modell kurz nach dem Krieg zu einer echten Institution geworden. Dank seines Allradantriebs, der kompakten Bauform und der Möglichkeit zum Einsatz einer Fülle von Arbeitsgeräten war er an Vielseitigkeit kaum zu überbieten. 1966 wurde in Gaggenau der U 403 vorgestellt, der dem bereits drei Jahre früher präsentierten U 406 entsprach, allerdings schwächer motorisiert war und deshalb für viele eine günstige Eintrittskarte in die Unimog-Welt darstellte. 54 PS genügten den meisten Landwirten in dieser Zeit ohnehin. Der Motor stammte aus dem Mercedes-Benz-Transporter LP 608. Den U 403 konnte man mit geschlossener Fahrerkabine oder offen (mit Allwetterverdeck) kaufen. Dank seiner hohen Spitzengeschwindigkeit eignete er sich natürlich besonders für transportintensive Aufgaben. Doch auch im Forst oder auf dem Acker stand der U 403 seinen Mann. Im Laufe der Bauzeit wurde die Leistung mehrmals erhöht. Das letzte, ab 1976 gebaute Modell hatte 72 PS.

▶ **Wussten Sie schon?**
Seine Spitzengeschwindigkeit lag bei 75 km/h.

TECHNISCHE DATEN

Bauzeit	1966–1988
Motor	Mercedes-Benz OM 314
Getriebe	6V 2R
Leistung	54 PS
Hubraum	3758 ccm
Zylinder	4
Höchstgeschwindigkeit	75 km/h
Länge	4160 mm
Gewicht	3600 kg

Der Unimog 403 war die leistungsmäßig schwächere Variante zum U 406.

Der Favorit 4 stellte erstmals das neue Design der Motorhaube vor. Sie hatte eine eckige Form.

211

Fendt Favorit 4

Nur zwei Jahre lang wurde er gebaut, dennoch war der Favorit 4 ein wichtiger Baustein in der Geschichte der Fendt-Typen. Als er 1966 vorgestellt wurde, war er zunächst gar nicht als echter Fendt wieder zu erkennen, denn die Motorhaube hatte eine eckige Form. Die Kühlung des großen Sechszylinder-Diesels konnte mit der bisherigen Motorhaube nicht mehr gewährleistet werden. Deshalb wurde ein neues Design entwickelt, das im Laufe der nächsten Jahre auf alle anderen Modelle übertragen wurde.

Die automatische Regelhydraulik war mit einer Unterlenkerregelung ausgestattet, die einen Einsatz sowohl mit Aufsattelpflügen als auch mit Anbaupflügen möglich machte. Auch die Lenkung und die Turbo-Kupplung waren hydraulisch.

TECHNISCHE DATEN	
Bauzeit	1966–1967
Motor	MWM KD 1105 S
Getriebe	16V 8R
Leistung	80 PS
Hubraum	4500 ccm
Zylinder	6
Höchstgeschwindigkeit	30 km/h
Länge	4350 mm
Gewicht	4000 kg

212 Granit 500 E

Bei der Hanomag war 1967 eine neue Motorengeneration konstruiert worden, die bei mehreren Modellen ihr Debüt feiern konnte. Dazu gehörten neben dem Granit 500 E auch der Brillant 601, der Brillant 700 und der Robust 900. Der neue Motor, der als Drei-, Vier- und Sechszylinder zur Verfügung stand, war von vornherein als Wirbelkammer-Motor konstruiert worden. Die neuen Aggregate wurden unter dem Namen Hanomag-Kompaktmotoren bekannt. Sie waren nach dem Baukastenprinzip konstruiert, was die Herstellungs-, Reparatur- und Lagerkosten senkte. Wie bei den Hanomag-Motoren fast schon traditionell, handelte es sich konstruktiv auch bei diesen Aggregaten um relativ schnell laufende Kurzhuber.

TECHNISCHE DATEN	
Bauzeit	1967–1969
Motor	Hanomag D 131 R
Getriebe	9V 3R
Leistung	48 PS
Hubraum	2126 ccm
Zylinder	3
Höchstgeschwindigkeit	28 km/h
Länge	3420 mm
Gewicht	2070 kg

Beim Granit 500 E leistete das Aggregat 48 PS. Das waren acht PS mehr als der kleinere Granit 500 zu bieten hatte. Wegen dieses Motors lautete die technische Bezeichnung des Schleppers Granit 501 E, weshalb er oft auch so genannt wird. Es gab auch eine Schnellgangversion mit angehängtem „S“ in der Typenbezeichnung.

Der Granit 500 E war einer der ersten Hanomag-Schlepper mit dem neu entwickelten Kompakt-Motor.

Eicher Mammut HR

Mit der Entwicklung eines Traktors mit stufenlosem Getriebe wagte sich Eicher weit vor.

Stufenlose Getriebe waren bereits in den sechziger Jahren ein Thema. Zu den Unternehmen, die damit experimentierten, gehörte Eicher. 1966 glaubte man in Forstern soweit zu sein, einen Traktor mit einem stufenlosen Antrieb in Serienfertigung gehen lassen zu können. Es handelte sich um den Mammut HR, den es mit Hinterrad- und Allradantrieb gab. Die Motorleistung lag anfangs bei 54 PS, 1968 wurde sie auf 62 PS erhöht. Im Gegensatz zu den modernen leistungsverzweigten wurde beim Mammut HR ein reines hydrostatisches Getriebe verwendet. Der Erfolg blieb bescheiden. Vom hinterradgetriebenen Mammut wurden nur 21 und von der Ausführung mit Allradantrieb lediglich 35 Exemplare verkauft.

▶ Wussten Sie schon?
Mit seiner Motorleistung kann der Mammut bequem ein Holzhaus hinter sich herziehen.

TECHNISCHE DATEN

Bauzeit	1966–1969
Motor	Eicher EDK 4
Getriebe	stufenlos
Leistung	54 PS
Hubraum	3927 ccm
Zylinder	4
Höchstgeschwindigkeit	20 km/h
Länge	3570 mm
Gewicht	2675 kg

214 Deutz D 30 05

Beim D 30 05 wurden die Bauteile zunächst lackiert und dann zusammengebaut.

Der D 30 05 als Modell baugleich mit dem D 25 05 mit dem Unterschied, dass er dank höherer Drehzahl eine Leistung von 28 PS erreichte. Das Achtgang-Getriebe war gemeinsam mit Porsche entwickelt worden. Als Sonderzubehör gab es unter anderem das Transfermatic-System, die Hydrolenkung, das Fritzmeier-Verdeck mit Windschutzscheibe, eine Motorzapfwelle und eine Dreipunktaufhängung. Der D 30 05 gehörte zu einer Baureihe, bei der ein besonderes Augenmerk auf Komfort gelegt worden war. Die Bedienhebel waren nach ergonomischen Gesichtspunkten angeordnet.

TECHNISCHE DATEN	
Bauzeit	1965–1967
Motor	Deutz F2L 812S
Getriebe	8V 2R
Leistung	28 PS
Hubraum	1700 ccm
Zylinder	2
Höchstgeschwindigkeit	25 km/h
Länge	3245 mm
Gewicht	1635 kg

215 Kramer KL 600

Die wichtigste Neuerung beim KL 600 war das selbst entwickelte Lastschalt-Wendegetriebe.

Der Kramer KL 600 aus dem Jahr 1961 hatte 61 PS und den Vierzylinder-Motor Deutz F4L 812/D. Neu war das Lastschalt-Wendegetriebe mit zwölf Vorwärts- und sechs Rückwärtsgängen. Der KL 600 war ein hochwertiger Schlepper mit ausgereifter Hydraulik. Doch das kostete seinen Preis, vor allem wenn die Stückzahlen für eine Großserie zu niedrig waren. Da auch die Baumaschinensparte teure Entwicklungen verlangte, stand Kramer in den sechziger Jahren unter großem finanziellem Druck.

TECHNISCHE DATEN	
Bauzeit	1967–1970
Motor	Deutz F4L 812/D
Getriebe	12V 6R
Leistung	61 PS
Hubraum	3400 ccm
Zylinder	4
Höchstgeschwindigkeit	28,2 km/h
Länge	3750 mm
Gewicht	4200 kg

Eicher Unisuper G 400

Der Unisuper G 400 war ein leistungsstarker Geräteträger.

Eicher brachte 1961 eine neue Generation von Geräteträgern auf den Markt. Diese Modelle wurden nicht mehr „Kombi", sondern „Unisuper" genannt. In Wirklichkeit handelte es sich aber dabei nicht um völlig neue Typen, sondern um Weiterentwicklungen der vorhergehenden Kombi-Modelle. Was sich bei der Unisuper-Reihe positiv bemerkbar machte, war unter anderem die relativ hohe Motorleistung, die beim G 400 immerhin 40 PS betrug. Es war vielleicht dem starken Motor zu verdanken, dass vom G 400 fast doppelt so viele Exemplare wie von den anderen Unisuper-Modellen verkauft wurden. Insgesamt war der Unisuper-Reihe aber kein genügend großer Erfolg beschieden.

▶ Wussten Sie schon?

Das Ende des Geräteträgerbaus bei Eicher konnte der G 400 nicht mehr aufhalten.

TECHNISCHE DATEN	
Bauzeit	1966–1969
Motor	Eicher EDK 3-2
Getriebe	8V 4R
Leistung	40 PS
Hubraum	2944 ccm
Zylinder	3
Höchstgeschwindigkeit	20 km/h
Länge	3980 mm
Gewicht	2020 kg

217

Fendt Farmer 3 S

Dieses Modell war der erste Farmer mit einem Vierzylinder-Motor. Seine Allradversion trug den Namen Farmer 3 S A. Wichtige Merkmale machten diesen Schlepper zu einem Meilenstein. Der Motor war jetzt ein Direkteinspritzer. Die besondere technische Neuerung war ein Gruppenschaltgetriebe mit Reversiereinrichtung und die Turbokupplung Turbomatik, eine Strömungskupplung von Voith. Ohne schalten zu müssen, konnte man vorwärts und rückwärts fahren. Das bedeutete etwa beim Frontladereinsatz, dass beide Hände für Lenkrad und Steuergerät frei blieben. Kleiner Wermutstropfen: Das Wendegetriebe kostete einen satten Aufpreis. Das Getriebe hatte 17 Vorwärts- und 4 Rückwärtsgänge, es konnte jedoch auch als Sonderausführung mit vier Superkriechgängen und insgesamt 21 Gängen geliefert werden. Der Schnellgang erlaubte 30 km/h. Ein zusätzlicher Schalthebel sorgte für eine Zugkrafterhöhung für jeden Gang um 30%.

Ab 1966 bekam der Farmer 3 S die neue, eckige Motorhaube.

TECHNISCHE DATEN

Bauzeit	1967–1970
Motor	MWM KD 1105 V
Getriebe	17V 4R
Leistung	65 PS
Hubraum	3400 ccm
Zylinder	4
Höchstgeschwindigkeit	30 km/h
Länge	3845 mm
Gewicht	2770 kg

Der Farmer 3 S hatte ein Wendegetriebe, das auch mit Kriechgängen ausgeliefert werden konnte.

IHC 423

Auf der Motorhaube des 423 stand noch der Name McCormick. Dies war eines der Unternehmen, aus denen IHC 1902 gebildet wurde.

In den sechziger Jahren wurden die europäischen IHC-Werke zu einem Fertigungsverbund zusammengeschlossen. Sie produzierten nicht mehr für die nationalen Märkte, sondern stellten für ganz Westeuropa einheitliche Modelle her. Aus diesem Grund wurden die neuen Schlepper auch EWG- oder Common-Market-Modelle genannt. Der Vorteil lag darin, dass die Entwicklungskosten gesenkt und größere Stückzahlen produziert werden konnten. Der 423 wurde von 1966 bis 1972 in Deutschland und Frankreich hergestellt und ungefähr 27.800-mal verkauft. Bei der Typenbezeichnung gaben die ersten beiden Stellen die ungefähre PS-Zahl wieder, und die letzte Stelle stand für die Zylinderzahl.

▶ Wussten Sie schon?

Der IHC 423 gehörte Ende der sechziger Jahre zu den meistverkauften Traktoren in Deutschland.

TECHNISCHE DATEN	
Bauzeit	1966–1972
Motor	IHC D-155
Getriebe	8V 2R
Leistung	40 PS
Hubraum	2536 ccm
Zylinder	3
Höchstgeschwindigkeit	20 km/h
Länge	3090 mm
Gewicht	2015 kg

219 Fendt F 231 GT

Geräteträger boten einen gewissen Vorteil gegenüber Standardtraktoren, nämlich die Möglichkeit, mit mehreren Anbaumaschinen gleichzeitig zu arbeiten. Viele Hersteller machten sich deshalb daran, Geräteträger anzubieten. Aber nur Fendt hatte wirklich damit Erfolg. Der F 231 GT wurde von 1967 bis 1991 in Marktoberdorf produziert. Kaum ein anderes Traktormodell befand sich so lange im Produktionsprogramm. Allerdings wurde der Geräteträger 1978 einer Überholung unterzogen. Er bekam einen stärkeren Motor, der mit einem Hubraum von 2.550 ccm nun 35 PS leistete. Der Motor stammte nach wie vor von MWM und besaß drei Zylinder. Auch die Anzahl der Gänge wurde verdoppelt, nämlich auf 16 Vorwärts- und acht Rückwärtsgänge. Mit der Schnellgangausführung des Getriebes war eine Höchstgeschwindigkeit von 27,7 Stundenkilometern erreichbar. Während der 24-jährigen Bauzeit wurden ungefähr 18.700 Exemplare des F 231 GT verkauft.

▶ Wussten Sie schon?

Zu den Vorteilen der Geräteträger gehörte neben dem Geräteanbau auch die Ladepritsche, mit der man kleinere Transporte durchführen konnte.

TECHNISCHE DATEN

Bauzeit	1967–1991
Motor	MWM D 308.3
Getriebe	8V 4R
Leistung	32 PS
Hubraum	2230 ccm
Zylinder	3
Höchstgeschwindigkeit	20 km/h
Länge	4100 mm
Gewicht	1760 kg

Beim F 231 GT befand sich der Motor noch vor dem Fahrer unter einer kleinen abgeschrägten Motorhaube.

Der U 421 konnte mit offener oder mit geschlossener Fahrerkabine ausgeliefert werden.

Mercedes-Benz Unimog 421 (U 40) 220

Ein Nachfolger des Unimog-Erfolgsmodells U 411 wurde 1966 vorgestellt. Der als Unimog 421 bezeichnete neue Typ war ein mittelgroßes, sehr kompaktes Fahrzeug mit einem Vierzylinder-Motor mit 40 PS, der aus der Pkw-Fertigung stammte. Das vollsynchronisierte Getriebe hatte sechs Vorwärts- und zwei Rückwärtsgänge. Auf Wunsch konnte man sich ein Kriechgangzusatzgetriebe einbauen lassen, das eine Kriechgeschwindigkeit von 0,05 km/h ermöglichte.

Dieses Modell hatte sehr viele Bauteile des U 411 wiederverwendet, doch die Fahrerkabine stammte aus dem drei Jahre früher vorgestellten, stärkeren U 406. Im Laufe seiner Baugeschichte wurde die Motorleistung dreimal erhöht: 1968 auf 45 PS, 1971 auf 52 und im Spätherbst gleichen Jahres auf 60 PS. Der Hubraum stieg deshalb von 1.988 auf 2.404 Kubik. Vor allem für den fernöstlichen Markt gab es eine Variante mit Doppelkabine.

TECHNISCHE DATEN	
Bauzeit	1966–1989
Motor	Mercedes-Benz OM 621
Getriebe	6V 2R
Leistung	40 PS
Hubraum	1988 ccm
Zylinder	4
Höchstgeschwindigkeit	54 km/h
Länge	4000 mm
Gewicht	2450 kg

Lindner T 3500

Der Traktorenbauer Lindner aus Kundl in Tirol hatte schon früh damit begonnen, über die Standardtraktoren hinaus auch ein vielseitiges Fahrzeug zu bauen, das mit verschiedenen Landmaschinen arbeiten konnte, das aber auch ein vollwertiger selbstfahrender Ladewagen oder Transporter sein konnte. Mit dem T 3500 war so ein vielseitiges Fahrzeug gelungen. Besonders kleinere Bauern in alpinen Regionen schätzten den Transporter, der vier gleich große Räder hatte, ein abnehmbares Fahrerhaus und reichhaltiges Zubehör, so etwa eine Ladepritsche oder einen Ladewagenaufsatz. Für eine bessere Manövrierfähigkeit im Gelände konnte der T 3500 auch mit Allradantrieb beschafft werden.

TECHNISCHE DATEN	
Bauzeit	1968–1971
Motor	Viertakt-Diesel
Getriebe	8V 4R
Leistung	40 PS
Hubraum	1760 ccm
Zylinder	4
Höchstgeschwindigkeit	25 km/h
Länge	k.A.
Gewicht	k.A.

Der T 3500 war ein vielseitiger Transporter, der den Konzepten von Unimog und Geräteträger nahekam.

Schlüter Super 950 V

Schlüter verlagerte seine Produktion in den sechziger Jahren immer mehr in den Bereich der Großtraktoren. 1966 wurde zu diesem Zweck die Super-Reihe gestartet. Im Vordergrund standen technische Verbesserungen gegenüber den Vorgängern und noch mehr Motorleistung. Aber auch der Fahrer sollte vom Fahrerlebnis mit den Großtraktoren profitieren. Deshalb wurde die Traktomobil-Kabine eingeführt, die seitlich zwei Schiebetüren und einen Komfort bot, der den Schlüter-Traktor zum angenehmen Arbeitsplatz machte. Der Super 950 V lief 1967 vom Stapel. Es gab ihn in verschiedenen Ausführungen. So standen sowohl eine Version mit Allradantrieb als auch mit Hinterradantrieb zur Verfügung. Aber die Allradversion fand mit Abstand die meisten Abnehmer. Anstelle des Motors SDM 108 wurden zeitweise der SD 110 und der SDM 106 verwendet. Schlüter erregte mit seinen Großtraktoren zwar Aufsehen, die Verkaufszahlen blieben jedoch zu niedrig, um die Zukunft des Unternehmens sichern zu können.

▶ Wussten Sie schon?
Mit seinen Traktoren der oberen Leistungsklasse, wie dem Super 950 V, war Schlüter seiner Zeit voraus.

TECHNISCHE DATEN	
Bauzeit	1967–1974
Motor	Schlüter SDM 108
Getriebe	12V 6R
Leistung	95 PS
Hubraum	6871 ccm
Zylinder	6
Höchstgeschwindigkeit	30 km/h
Länge	4355 mm
Gewicht	4415 kg

Auf Oldtimer-Treffen und anderen Veranstaltungen kann man sie noch oft sehen: die roten Schlüter-Traktoren.

223 Eicher Wotan II

Vom Wotan II mit Allradantrieb wurden ungefähr 2.200 Exemplare hergestellt.

Eicher reagierte 1968 auf die schwierige Marktsituation und den schnellen technologischen Wandel mit der Überarbeitung der Raubtierreihe. Die neuen Modelle bekamen als technische Bezeichnungen Nummern im Dreitausender-Bereich, weshalb die neue Raubtierreihe als 3000er-Reihe bezeichnet wurde. Die neuen Modelle waren nicht nur hinsichtlich der technischen Ausstattung, sondern auch rein äußerlich durch das neue Design von ihren Vorgängern zu unterscheiden. Einen besonderen Platz nahmen die neuen Großschlepper ein, die den passenden Namen Wotan I und Wotan II erhielten. Der Wotan II war mit seinen 95 PS der stärkere der beiden. Es gab ihn mit Hinterradantrieb mit der technischen Bezeichnung 3013 und als 3014 mit Allradantrieb. Der vierradgetriebene Wotan II war der erfolgreichere, weswegen er länger hergestellt wurde. 1973 wurde seine Motorleistung sogar auf 100 PS erhöht. Damit fuhr der Großschlepper aus Forstern in der obersten Leistungsriege mit.

TECHNISCHE DATEN	
Bauzeit	1968–1976
Motor	EDK 6
Getriebe	16V 7R
Leistung	95 PS
Hubraum	5890 ccm
Zylinder	6
Höchstgeschwindigkeit	29 km/h
Länge	4080 mm
Gewicht	4200 kg

Eicher Königstiger II

Die 3000er-Reihe bekam ihren Namen aufgrund der technischen Bezeichnungen der Modelle, die aus Nummern im 3000er-Bereich bestanden. Der Königstiger II hatte als Hinterradversion die technische Bezeichnung 3015, und die Allradausführung des Königstigers II war mit der Nummer 3016 versehen worden. Beide Ausführungen waren mit einem 52 PS leistenden Vierzylinder-Motor von Eicher ausgestattet worden. Die Höchstgeschwindigkeit lag bei 19 km/h. Mit dem optionalen Schnellgang konnten auf der Straße 25 Stundenkilometer erreicht werden. Die Version mit Hinterradantrieb war erfolgreicher als diejenige mit Vierradantrieb. Sie verkaufte sich über 1.800-mal.

▶ Wussten Sie schon?
Der Königstiger II besaß die Doppelkupplung „Duplokup" für die Bedienung der Fahrkupplung und der Zapfwelle.

TECHNISCHE DATEN	
Bauzeit	1968–1972
Motor	Eicher EDK 4-7
Getriebe	8V 4R
Leistung	52 PS
Hubraum	3970 ccm
Zylinder	4
Höchstgeschwindigkeit	19 km/h
Länge	3543 mm
Gewicht	2210 kg

Der Königstiger II hatte kein Pendant in der vorhergehenden Raubtierreihe. Er füllte eine Leistungslücke.

Das Kürzel „S" steht bei diesem Schlepper für das Schnellgang-Getriebe.

225 Hanomag Robust 901 S

Der Robust 901 S war der – abgesehen von einigen Prototypen des Robust 1200 – stärkste jemals gebaute Hanomag-Schlepper. Sein Markenzeichen war die eckige Haube, die die letzte Hanomag-Baureihe auszeichnete. Der Motor arbeitete mit einer recht hohen Drehzahl von bis zu 2.600 Umdrehungen in der Minute und erreichte eine Höchstleistung von 92 PS. Dank Schnellgang (Kürzel „S") waren Geschwindigkeiten bis 27 km/h möglich. Dieser Schlepper konnte auf Wunsch auch mit einem Allradantrieb ausgestattet werden. Insgesamt verkaufte Hanomag etwa 3.200 Stück.

1971 musste die Hanomag ihre Traktorenproduktion einstellen. Der Robust 901 S gehört somit zu den letzten Hanomag-Schleppern überhaupt, die die Fertigungshalle verließen.

TECHNISCHE DATEN	
Bauzeit	1969–1970
Motor	Hanomag D 192 R
Getriebe	12V 3R
Leistung	92 PS
Hubraum	4710 ccm
Zylinder	6
Höchstgeschwindigkeit	27 km/h
Länge	3990 mm
Gewicht	3225 kg

Bungartz & Peschke T8-DK

226

Bungartz war ein Hersteller von Kleintraktoren für den Garten-, Obst- und Weinbau. Das Unternehmen wurde 1934 in München gegründet, und 1953 erfolgte der Einstieg in den Bau von kleinen Schleppern. 1966 kam es zum Zusammenschluss mit dem Baumaschinenfabrikanten Karl Peschke und der Gründung der Firma „Bungartz & Peschke". Die Traktorproduktion wurde nach Hornbach im Saarland verlegt. Zu den Modellen, die in Hornbach hergestellt wurden, gehörte der T8-DK, der mit einem 30-PS-Deutz-Motor ausgestattet war. Außer der Standardversion mit dem Getriebe mit sechs Vorwärtsgängen und einem Rückwärtsgang war der T8-DK auch in einer Ausführung mit zwölf Vorwärts- und zwei Rückwärtsgängen verfügbar.

▶ Wussten Sie schon?

Der kleine und wendige T8-DK ist ein Kraftprotz, der sich für Arbeiten unter beengten Verhältnissen eignet.

TECHNISCHE DATEN

Bauzeit	1968–1973
Motor	Deutz F2L 912
Getriebe	6V 1R
Leistung	30 PS
Hubraum	1885 ccm
Zylinder	2
Höchstgeschwindigkeit	20 km/h
Länge	2500 mm
Gewicht	1155 kg

Der 30-PS-Deutz-Motor machte den T8-DK zu einem kleinen Kraftpaket.

227 Massey Ferguson MF 133 Super

Der MF 133 war ein Schlepper der beliebten 100er-Reihe.

Die sechziger und siebziger Jahre waren eine Zeit der Expansion für Massey Ferguson. 1960 wurde der italienische Traktorhersteller Landini übernommen, 1970 erfolgte der Einstieg bei Eicher und 1974 kam es zum Kauf von Hanomag. In dieser Zeit wurde auch der MF 133 hergestellt. Da Massey Ferguson an Eicher beteiligt war, wurden einige Modelle auch mit blauer Lackierung als Eicher-Traktoren verkauft. Der spätere MF 133 S entsprach im Großen und Ganzen dem Eicher Tiger 74.

TECHNISCHE DATEN

Bauzeit	1969–1974
Motor	Perkins AD 3.144
Getriebe	6V 2R
Leistung	35 PS
Hubraum	2360 ccm
Zylinder	3
Höchstgeschwindigkeit	20 km/h
Länge	3100 mm
Gewicht	1855 kg

228 Fiat 450

Der Fiat 450 befand sich lange im Bau.

Fiat stieg bereits 1919 in die Traktorfertigung ein und entwickelte sich zum bedeutendsten italienischen Unternehmen dieser Branche. Ab 1974 wurden die Traktoren von dem Tochterunternehmen Fiat Trattori hergestellt. Der Fiat 450 lief bereits 1968 vom Stapel und befand sich bis 1981 im Programm. Zwischendurch wurden jedoch einige Änderungen vorgenommen. Beispielsweise stand ab 1975 auch ein Getriebe mit neun Vorwärts- und drei Rückwärtsgängen zur Auswahl.

TECHNISCHE DATEN

Bauzeit	1968–1981
Motor	Fiat 8035
Getriebe	8V 2R
Leistung	45 PS
Hubraum	2339 ccm
Zylinder	3
Höchstgeschwindigkeit	30 km/h
Länge	3120 mm
Gewicht	2100 kg

Hermann Lanz Aulendorf (Hela) D 534

Der D 534 wurde ab 1967 angeboten. Er hatte einen wassergekühlten Dreizylinder-Motor von MWM, der 1969 durch den MWM-Motor D 208-3 ersetzt wurde. Bei einer Drehzahl von 2.100 U/min leistete er 35 PS. In dieser Konfiguration wurde der D 534 dann bis 1975 gebaut.

Hela hatte dieses Modell für Arbeiten in mittelgroßen Betrieben gerüstet. Das Getriebe hatte zehn Vorwärts- und zwei Rückwärtsgänge. Die Verzettelung des Programms und die geringen Stückzahlen pro Modell waren für das Unternehmen eine große Bürde. Auch der Gedanke, Baumaschinen zu produzieren, half Hela nicht aus der Krise. Das Unternehmen musste 1979 verkauft werden. Der neue Besitzer stellte die Fertigung von Traktoren ein.

▶ Wussten Sie schon?
Die späten Modelle, wie der D 534, wurden bei Hela in relativ bescheidenen Stückzahlen produziert.

TECHNISCHE DATEN

Bauzeit	1963–1975
Motor	MWM D 208-3
Getriebe	10V 2R
Leistung	35 FS
Hubraum	2233 ccm
Zylinder	3
Höchstgeschwindigkeit	28 km/h
Länge	3400 mm
Gewicht	1900 kg

Der D 534 von Hermann Lanz aus Aulendorf besticht durch seine Eleganz und Vielseitigkeit.

Im Zeichen des Allradantriebs

Von den 70er- bis zu den 90er-Jahren

Dem Allradantrieb war schon früh vorausgesagt worden, dass ihm die Zukunft gehöre. Zu den Vorteilen des Vierradantriebs zählen die verbesserte Traktion sowie die erhöhte Sicherheit auf rutschigem und abschüssigem Gelände. Nicht wenige Hersteller hatten bereits in den ersten Jahrzehnten nach dem Zweiten Weltkrieg Schlepper mit dieser Antriebsart auf den Markt gebracht. Doch die Käufer blieben wegen der hohen Kosten zurückhaltend. Dies änderte sich bereits gegen Ende der 1960er-Jahre. Der Grund dafür war die wachsende Kaufkraft der landwirtschaftlichen Betriebe, die zwar zahlenmäßig immer weniger, zugleich aber auch größer und produktiver wurden. Es waren vor allem die Modelle der obersten Leistungsklasse, die zunächst vorwiegend oder ausschließlich mit Allradantrieb verkauft wurden. Nach und nach setzte sich die Vierradtechnik auch bei den Schleppern der Mittelklasse und schließlich sogar bei den kleinen Modellen durch.

Eine weitere Möglichkeit, die Traktion zu verbessern, boten Raupenlaufwerke. Diese Laufwerke hatten jedoch entscheidende Nachteile, da sie keine hohen Geschwindigkeiten erlaubten und den Boden beschädigen konnten. Sie blieben deshalb vor allem auf den Einsatz in Sonderkulturen beschränkt. 1987 brachte Caterpillar jedoch Traktoren mit Laufwerken namens „Mobil-trac“ auf den Markt. Die Schlepper der obersten Leistungsklasse fuhren nicht auf herkömmlichen Gleisketten, sondern auf Bändern, die ähnlich wie Reifen aus mehreren Lagen Gewebe und Stahl bestanden. Diese Laufwerke schonten nicht nur den Boden, sondern ermöglichten durch die Federung auch relativ hohe Geschwindigkeiten. Nach Caterpillar brachten auch andere Hersteller, allen voran John Deere und Case IH, Modelle mit ähnlichen Laufwerken auf den Markt.

Mit dem Xerion stieg Claas in den Bau von Systemschleppern ein. Die Saddle-Trac-Ausführung des Xerion besitzt eine lange Aufbaufläche hinter der Kabine.

Eine bedeutende Entwicklung der 1970er-Jahre war das Aufkommen der Systemschlepper, deren bedeutendste Vertreter die INTRACs von Deutz und die MB-tracs von Mercedes-Benz waren. Zu ihren besonderen Merkmalen gehörten der Frontanbauraum, die mittig oder vorne gelagerte Kabine und im Fall der MB-tracs der standardmäßige Allradantrieb. Sowohl Deutz als auch Mercedes-Benz stiegen mit Beginn der 1990er-Jahre wieder aus dem Systemschlepperbau aus. Damit war jedoch die Idee dieser Traktorart nicht gestorben. 1994 brachte Fendt mit dem Xylon typische System-

Ein Kennzeichen des Allradantriebs sind die großen Vorderräder. Dieses Bild zeigt einen Fendt Vario der 900er-Reihe.

schlepper auf den Markt. Für eine Überraschung sorgten die Fastracs der englischen Firma JCB, die bis zu 80 km/h schnell fuhren. Schließlich führte Claas 1997 den Xerion ein. Dieser Systemschlepper fiel durch die hohe Motorleistung und seine verschiedenen Varianten auf.

Zur gleichen Zeit durchlebte die Landtechnikbranche Höhen und Tiefen. Die nordamerikanische Farm-Krise der 1980er-Jahre verringerte die Anzahl der Anbieter weiter. Selbst so große Unternehmen wie IHC und Massey Ferguson verloren ihre Unabhängigkeit. Das Ende des Kalten Krieges und der Fall des Eisernen Vorhangs, der Europa teilte, boten den Herstellern wieder neue Möglichkeiten. Die Nachfrage nach moderner Landtechnik und leistungsstarken Maschinen und Schleppern war in Osteuropa und den Ländern der ehemaligen Sowjetunion groß.

Die MB-tracs waren nicht nur für die Landwirtschaft, sondern auch für andere Einsatzzwecke konzipiert, beispielsweise für kommunale Aufgaben.

230 Fendt F 250 GT

Der Fahrer des F 250 GT hat einen freien Blick nach vorne. Der Motor befindet sich unterhalb des Fahrerstandes.

Das allgäuer Unternehmen Fendt entwickelte sich schnell zum erfolgreichsten Hersteller von Geräteträgern. Die gute Leistung der Fendt-Geräteträger lag nicht zuletzt an den MWM-Motoren, die sich anfangs unter einer kleinen, abgeschrägten Motorhaube befunden hatten. Die Konstrukteure in Marktoberdorf erzielten eine technische Meisterleistung, als sie diesen Motor unterhalb des Fahrerstandes positionierten. Dieses Konzept wurde 1970 mit dem Erscheinen des F 250 GT zum ersten Mal in Serienfertigung umgesetzt.

TECHNISCHE DATEN

Bauzeit	1970–1977
Motor	MWM D 925-L3
Getriebe	13V 4R
Leistung	45 PS
Hubraum	2550 ccm
Zylinder	3
Höchstgeschwindigkeit	20 km/h
Länge	4568 mm
Gewicht	2585 kg

231 Deutz D 130 06

Der D 130 06 war ein komfortabler Großschlepper mit einem Schnell-Kuppler zum Anbau von Geräten.

Der Deutz D 130 06 gehörte zur zweiten Generation der erfolgreichen Baureihe 06, die von Klöckner-Humboldt-Deutz ab 1968 produziert wurde. 1972 löste der D 130 06 mit einer Motorleistung von 130 PS seinen Vorgänger, den 120 PS leistenden D 120 06 ab. Zur Ausstattung des neuen Modells gehörte eine moderne Kabine, die vor Lärm schützte, geräumig war und für kalte Jahreszeiten mit einer Heizung versehen war. Das Steuern wurde durch die Hydrolenkung erleichtert. Der Komfort-Sitz besaß ausklappbare Armlehnen.

TECHNISCHE DATEN

Bauzeit	1972–1978
Motor	Deutz BF0L 912
Getriebe	16V 7R
Leistung	130 PS
Hubraum	5652 ccm
Zylinder	6
Höchstgeschwindigkeit	30 km/h
Länge	4450 mm
Gewicht	4760 kg

Fendt Agrobil S

232

Der Fahrer des Agrobil S saß in einer bequemen Kabine, die durch die Verglasung einen Blick auf das Schwad ermöglichte.

Das Agrobil S war ein Spezialfahrzeug, das für die Grünfutterernte konstruiert wurde. Die Zielgruppe bestand aus landwirtschaftlichen Großbetrieben, Lohnunternehmern und Grünfutter-Trocknungsanlagen. Das Agrobil S sollte vor allem die Ernte erleichtern und den Transport beschleunigen. Das Gefährt glich einem selbstfahrenden Ladewagen. Die Höchstgeschwindigkeit lag anfangs bei 50 km/h. 1972 wurde die Motorleistung von 50 auf 80 PS erhöht, und die auf der Straße erreichbare Geschwindigkeit stieg auf 60 Stundenkilometer. Die Nachfrage nach Spezialfahrzeugen wie dem Agrobil S war jedoch noch gering. Von 1970 bis 1982 wurden nur 112 Exemplare des Fahrzeugs hergestellt.

▶ Wussten Sie schon?

Die Zeit für ein Spezialfahrzeug wie das Agrobil S war in den siebziger Jahren noch nicht gekommen.

TECHNISCHE DATEN	
Bauzeit	1970–1982
Motor	Deutz F4L 912 H
Getriebe	13V 4R
Leistung	50 PS
Hubraum	3768 ccm
Zylinder	4
Höchstgeschwindigkeit	60 km/h
Länge	7600 mm
Gewicht	3500 kg

233 Fendt Farmer 103 S

Einen klassischen Longseller hatte Fendt mit dem Farmer 103 S im Programm. Über fünfzehn Jahre wurde er gebaut. Er war zugleich auch der meistgebaute der Farmer-100-Baureihe. Allerdings erlebte das Modell in seiner Bauzeit im Rahmen der Produktpflege bis 1987 zweimal eine Leistungserhöhung auf 50 bzw. 56 PS. Der wassergekühlte Dreizylinder-Motor stammte von MWM (D 225-3, ab 1975: D 226-3, ab 1985: D 226-3.2).

TECHNISCHE DATEN

Bauzeit	1972–1984
Motor	MWM D 226-3
Getriebe	13V 4R
Leistung	48 PS
Hubraum	2550 ccm
Zylinder	3
Höchstgeschwindigkeit	30 km/h
Länge	3625 mm
Gewicht	2375 kg

Dank Direkteinspritzung des Kraftstoffs in den Brennraum war der 103 im Verbrauch der niedrigste in dieser Klasse (223 g/kWh, also 165 g/PSh), und das Startverhalten bei kaltem Zustand sehr zuverlässig. Ab 1975 bekam er eine hydraulische Vierradbremse.

Die Allradversionen erhielten das Kürzel SA, was aber auf dem Fahrzeug meist nicht zu lesen war. 1978 bis 1982 gab es eine Luxusversion Farmer 103 LS mit schallgedämpfter Kabine und luxuriösen Extras.

Turbomatik, Vollsynchrongetriebe und lastschaltbare Zapfwelle gehörten zum Ausstattungsprofil des Farmer 103 S.

Deutz INTRAC 2002

Das INTRAC-Konzept galt 1972 als revolutionär. Heute sieht man die INTRACs vor allem bei den Oldtimer-Treffen.

Auf der DLG-Ausstellung 1972 stellte Klöckner-Humboldt-Deutz der Öffentlichkeit ein neues Traktorkonzept vor. Es handelte sich um einen Schlepper, der keine Motorhaube besaß und dessen Fahrerkabine sich oberhalb der Vorderachse befand, so dass der Fahrer direkt auf den Frontanbauraum blicken konnte. Der Motor war unter die Kabine gesetzt. Durch den standardmäßigen Frontanbauraum besaß das neue Modell drei Räume für das Anbringen von Geräten: das Heck, den Frontraum und die Fläche hinter der Kabine.

Der INTRAC 2002, wie der neue flexible Schlepper bezeichnet wurde, war das erste Modell der INTRAC-Reihe, die zwar viele Anhänger gewann, sich aber nicht gegen die Standardtraktoren durchsetzen konnte.

▶ Wussten Sie schon?

Die Kabine des INTRAC 2002 bot durch die Rundumverglasung hervorragende Aussicht und war leicht zugänglich.

TECHNISCHE DATEN

Bauzeit	1972–1974
Motor	Deutz F3L 912
Getriebe	8V 4R
Leistung	51 PS
Hubraum	2826 ccm
Zylinder	3
Höchstgeschwindigkeit	25 km/h
Länge	4250 mm
Gewicht	2830 kg

235 Hürlimann D-210

Dieser Schlepper gehört nicht etwa in dieses Buch, weil er sich extrem gut verkauft hat. Im Gegenteil: Hürlimann-Traktoren glänzen eher durch niedrige Verkaufszahlen. Doch dank seiner hervorragenden Verarbeitung und seiner hochwertigen Technik wird er noch heute vielerorts eingesetzt. Ein schöner Zuverlässigkeitserfolg. Stellvertretend für die Modelle der Schweizer Traktorschmiede steht der D-210, der 1973 auf den Markt kam.

Hürlimann hatte natürlich wie schon seit der Vorkriegszeit einen Direkteinspritzer-Motor aus eigener Fertigung eingebaut, der auf vier Zylindern lief und 77 PS leistete. Das dreistufige Getriebe war mit zwölf Vorwärts- und drei Rückwärtsgängen versehen.

TECHNISCHE DATEN

Bauzeit	1973–1975
Motor	Viertakt-Diesel
Getriebe	12V 3R
Leistung	77 PS
Hubraum	4431 ccm
Zylinder	4
Höchstgeschwindigkeit	25 km/h
Länge	k.A.
Gewicht	2850 kg

Der D-210 leistete 77 PS. Das war für die Siebzigerjahre sehr beachtlich.

Der John Deere 3130 gehörte zu den Großschleppern, die in Mannheim hergestellt wurden.

236

John Deere 3130

Anfang der siebziger Jahre begann John Deere die Generation II einzuführen. Es handelte sich dabei um Traktoren, die mit einem neuen Design und einer neuen Kabine versehen waren. Der John Deere 3130 gehörte zur 30er-Baureihe, die anfangs noch im alten Design hergestellt wurde. Erst 1975 wurden alle Modelle der Reihe, einschließlich des 3130, an das Styling und die Ausstattung der Generation II angepasst. Der 3130 gehörte zu den Sechszylinder-Modellen, die in Mannheim hergestellt wurden. Er war anfangs nur mit Hinterradantrieb verfügbar. Ab 1976 war der Großschlepper auch mit Allradantrieb zu haben. Der John-Deere-Motor mit einem Hubraum von 5,4 Litern leistete 89 PS.

▶ Wussten Sie schon?

Ab 1976 bekam der John Deere 3130 das Aussehen und die Ausstattung der Generation II.

TECHNISCHE DATEN

Bauzeit	1972–1979
Motor	John Deere Dieselmotor
Getriebe	16V 8R
Leistung	89 PS
Hubraum	5390 ccm
Zylinder	6
Höchstgeschwindigkeit	30 km/h
Länge	4000 mm
Gewicht	4075 kg

237 Renault 551

Mit einigen seiner Modelle, wie dem 551, hatte Renault östlich des Rheins begrenzten Erfolg.

Renault begann in den dreißiger Jahren mit der Produktion von Traktoren im größeren Stil und wurde bald zum größten Schlepperhersteller in Frankreich. Der Anteil am deutschen Traktormarkt blieb jedoch trotz der Übernahme der Ersatzteilversorgung für Porsche-Diesel und einige andere Marken klein. Der Renault 551 kam 1972 auf den Markt. Angetrieben wurde er von einem MWM-Motor. Neben der Hinterradausführung war er auch mit Allradantrieb verfügbar. Bei der vierradgetriebenen Version stammte die Vorderachse von Carraro.

TECHNISCHE DATEN

Bauzeit	1972–1980
Motor	MWM D226-3
Getriebe	12V 3R
Leistung	55 PS
Hubraum	3117 ccm
Zylinder	3
Höchstgeschwindigkeit	22 km/h
Länge	3550 mm
Gewicht	2630 kg

238 Mercedes-Benz MB-trac 65/70

Mit den MB-tracs setzte Mercedes-Benz das Konzept der Systemtraktoren konsequent um.

Im Sommer 1973 stellte Mercedes-Benz den ersten MB-trac vor, der die Unimog-Idee mit einer Konzeption verband, die streng auf das Anforderungsprofil in der Landwirtschaft zugeschnitten war. Der MB-trac gehört in die Klasse der Systemtraktoren, die Anfang der Siebziger von verschiedenen Herstellern eingeführt wurden. Die Tracs hatten drei Anbauräume: vorn, hinten und über der Hinterachse. Servolenkung, gefederte Vorderachse und Allradantrieb waren selbstverständlich, ebenso die feste Fahrerkabine. Mit lediglich 65 PS war dieser erste MB-trac der schwächste.

TECHNISCHE DATEN

Bauzeit	1973–1975
Motor	Mercedes-Benz OM 314
Getriebe	14V 8R
Leistung	65 PS
Hubraum	3782 ccm
Zylinder	4
Höchstgeschwindigkeit	25 km/h
Länge	4170 mm
Gewicht	3600 kg

Schlüter Super 1500 TVL

Der Super 1500 TVL lief im August 1972 vom Stapel. Mit diesem Modell drang Schlüter noch einen Schritt weiter in den oberen Leistungsbereich vor. Der Großtraktor war anfangs mit 145 PS starkem Motor ausgestattet. Später wurde die Leistung auf 150 PS erhöht.

Die hydraulisch kippbare Super-Silence-Kabine schützte den Fahrer vor Lärm und schlechtem Wetter. Für eine Erleichterung bei der Arbeit sorgte die hydraulische Lenkung. Die Schalthebel waren seitlich neben dem Fahrersitz angeordnet, so dass sie beim Auf- und Absitzen nicht im Weg standen. Für noch mehr Raum wurde 1978 mit der Einführung einer neuen, breiteren Kabine gesorgt. Auch der Kraftstofftank wurde vergrößert, damit länger ohne Nachtanken gearbeitet werden konnte. Die Höchstgeschwindigkeit lag bis 1981 bei 30 km/h, danach wurde der Super 1500 TVL mit einem neuen Getriebe ausgestattet, das eine Geschwindigkeit von bis zu 40 Stundenkilometern auf der Straße erlaubte.

▶ Wussten Sie schon?

In der Typenbezeichnung stand das T für „Turbolader", das V für „Vierradantrieb" und das L für die Leistungsvariante.

TECHNISCHE DATEN

Bauzeit	1972–1992
Motor	Schlüter SDMT 112
Getriebe	12V 6R
Leistung	150 PS
Hubraum	7127 ccm
Zylinder	6
Höchstgeschwindigkeit	40 km/h
Länge	4670 mm
Gewicht	5275 kg

Das schräge hintere Kabinenfenster war typisch für die Schlüter-Traktoren.

240 Eicher Mammut 74

Durch die Beteiligung von Massey Ferguson an Eicher entstand 1970 die Eicher Traktoren- und Landmaschinenwerke GmbH mit Sitz in Landau an der Isar. Der Einfluss des großen Landtechnikunternehmens machte sich zunächst bei den Getrieben und schließlich auch bei den anderen Bauteilen bemerkbar. Die Baureihe 74, die ab 1973 hergestellt wurde, glich einzelnen Massey-Ferguson-Modellen. Der Mammut 74, war mit einem wassergekühlten Perkins-Motor ausgestattet und hatte den MF 158 als Äquivalent bei Massey Ferguson. Mit seinen 55 PS deckte der Mammut 74 das mittlere Leistungsspektrum ab. Ungefähr 1.300 Exemplare wurden davon verkauft. 1974 wurde eine Allradversion des Modells eingeführt.

TECHNISCHE DATEN	
Bauzeit	1973–1978
Motor	Perkins AD 4.203
Getriebe	16V 4R
Leistung	55 PS
Hubraum	3335 ccm
Zylinder	4
Höchstgeschwindigkeit	24 km/h
Länge	3360 mm
Gewicht	2400 kg

Der Mammut 74 entsprach im Großen und Ganzen dem MF 158.

Der Kramer 1014 war ein hervorragender Systemtraktor, der es trotz seiner Klasse nicht schaffte, sich am Markt zu behaupten.

241

Kramer 1014

Der Allradschlepper 1014 wurde 1973 vorgestellt. Dieser Zweiwege-Trac war seiner Zeit weit voraus. Sicherlich: Die drei Anbauräume vor, hinter und auf dem Schlepper waren zwar auch bei anderen Herstellern zu finden. Doch machte die Vierradlenkung den 1014 zu einem unglaublich beweglichen und dank Allradantrieb zugleich ungeheuer zugkräftigen Fahrzeug. Mit seinem Sechszylinder-Motor F 6 L 912 von Deutz hatte der 1014 ein leistungsstarkes Aggregat erhalten, das 105 PS leistete. Hohe Kosten und fehlende Anbaugeräte ließen nur 210 gefertigte Exemplare zu. Die Zeit leistungsstarker High-Tech-Traktoren war noch nicht gekommen. Der 1014 blieb Kramers letzte Traktorentwicklung vor der kompletten Aufgabe dieses Segments.

▶ Wussten Sie schon?

Eine besonders interessante Technik war die Allradlenkung, die den 1014 trotz seiner Länge und Schwere zu einem höchst beweglichen Fahrzeug machte.

TECHNISCHE DATEN

Bauzeit	1973–1981
Motor	Deutz F6L 912
Getriebe	16 V 8R
Leistung	105 PS
Hubraum	5662 ccm
Zylinder	6
Höchstgeschwindigkeit	38,3 km/h
Länge	5180 mm
Gewicht	5900 kg

242

Eicher 3709-74

Dieses Dreizylinder-Modell hatte 42 PS und gehörte damals zur oberen Mittelkasse der Schmalspurschlepper.

Der 3709 war ein Schmalspurschlepper aus der Generation, die auf die Puma-Modelle folgte. Er entsprach als Zwischengröße mit 38 PS ungefähr dem ersten gebauten Puma II. 1974 überarbeitete Eicher sein gesamtes Traktorenprogramm. Aus dem 3709 wurde so der 3709-74. Die Änderungen waren vor allem folgende: vier PS mehr Motorleistung, etwas höhere Spitzengeschwindigkeit, zwei Rückwärtsgänge mehr. Abmessungen und Design blieben jedoch erhalten. Das entsprechende Modell mit Allradantrieb hieß 3710-74.

TECHNISCHE DATEN

Bauzeit	1974–1976
Motor	Eicher EDK 3-3
Getriebe	8V 4R
Leistung	42 PS
Hubraum	2944 ccm
Zylinder	3
Höchstgeschwindigkeit	21,1 km/h
Länge	2820 mm
Gewicht	1400 kg

243

Eicher 3133 Allrad

Der Allradtraktor 3133 war mit seinen 133 PS das Flaggschiff der Baureihe Phase III.

Der Stapellauf des Eicher 3133 erfolgte 1978, zu einer Zeit, als Eicher zu Massey Ferguson gehörte und die Produktion nicht mehr in Forstern, sondern in Landau an der Isar stattfand. Der Allradschlepper gehörte zu einer Baureihe, die als Phase III bezeichnet wurde. Einige der Modelle dieser Reihe waren mit einem wassergekühlten Perkins-Motor ausgestattet, andere wurden von luftgekühlten Eicher-Motoren angetrieben. Beim 3133 handelte es sich um einen Sechszylinder-Motor aus der Landauer Eicher-Produktion, der für die Leistung von 133 PS sorgte.

TECHNISCHE DATEN

Bauzeit	1977–1982
Motor	Eicher EDK 6-5 T
Getriebe	16V 7R
Leistung	133 PS
Hubraum	5890 ccm
Zylinder	6
Höchstgeschwindigkeit	30 km/h
Länge	4610 mm
Gewicht	5550 kg

Deutz D 68 06

244

Die 06-Reihe gehört zu den erfolgreichsten und am längsten gebauten Baureihen des Kölner Unternehmens Klöckner-Humboldt-Deutz. Die 06er-Modelle waren leicht an der typischen Motorhaube mit den abgeschrägten Kanten zu erkennen. Der D 68 06 gehörte zur zweiten Generation dieser Reihe. Er war mit Hinterrad- und Allradantrieb erhältlich. Auf Wunsch konnte er auch mit einer Kabine versehen werden. Ab 1974 bekamen die Deutz-Schlepper einen neuen Anstrich.

Mit seinem Vierzylinder-Motor war der D 68 06 ein leistungsstarker Allzwecktraktor.

TECHNISCHE DATEN

Bauzeit	1974–1981
Motor	Deutz F4L 912
Getriebe	12V 4R
Leistung	67 PS
Hubraum	3768 ccm
Zylinder	4
Höchstgeschwindigkeit	25 km/h
Länge	3710 mm
Gewicht	3130 kg

IHC 433

245

Die siebziger Jahre erwiesen sich als Höhepunkt für die International Harvester Company. Das weltweit operierende Unternehmen errang 1975 den ersten Platz in der europäischen Zulassungsstatistik für Traktoren. Im gleichen Jahr vollzog IHC den Start der A-Familie, die aus drei Modellen bestand. Das kleinste Mitglied der Reihe war das Modell 433, das eine Nennleistung von 35 PS und eine Höchstleistung von 40 PS erbrachte. Das Leichtschaltgetriebe war auf Wunsch mit einer Zwischenuntersetzung erhältlich.

Vom IHC 433 wurden fast 17.500 Exemplare hergestellt.

TECHNISCHE DATEN

Bauzeit	1975–1990
Motor	IHC D-155
Getriebe	8V 4R
Leistung	35 PS
Hubraum	2536 ccm
Zylinder	3
Höchstgeschwindigkeit	27 km/h
Länge	3390 mm
Gewicht	2355 kg

246

Fendt F 275 GT

Geräteträger sind Allzwecktraktoren, die sich für die unterschiedlichsten Aufgaben einsetzen lassen, unter anderem für Ladearbeiten.

Mehrere Traktorhersteller begannen mit der Produktion von sogenannten Geräteträgern, aber nur Fendt war damit wirklich erfolgreich. Das wohl größte Problem, dem sich die Hersteller und die Kunden gegenüber sahen, war wohl die mangelnde Motorleistung. Fendt verwendete relativ starke und zuverlässige Motoren, die anfangs unter einer kleinen, abgeschrägten Motorhaube vor dem Fahrer untergebracht wurden. Mit dem F 250 GT, der 1970 erschien, lösten die Konstrukteure von Fendt das Platzproblem auf eine ganz neue Art. Sie bauten den Motor liegend unterhalb des Fahrerstandes ein. Damit verschwand das Antriebsaggregat nicht nur aus der Sicht des Fahrers, es war nun auch genügend Raum für größere Motoren vorhanden. Weiteren Leistungssteigerungen stand nichts mehr im Weg. Der F 275 GT, der 1976 auf den Markt kam, war mit einem Vierzylinder-Motor, der eine Nennleistung von 70 PS erbrachte, ausgestattet. Ein Jahr später wurde die Motorleistung auf 75 PS erhöht.

▶ Wussten Sie schon?

Dem ständig wachsenden Leistungsbedarf durch immer größere Maschinen sahen sich auch die Geräteträger ausgesetzt.

TECHNISCHE DATEN

Bauzeit	1976–1984
Motor	Deutz F4L 912 H
Getriebe	14V 4R
Leistung	75 PS
Hubraum	4048 ccm
Zylinder	4
Höchstgeschwindigkeit	30 km/h
Länge	4608 mm
Gewicht	3705 kg

Valmet 1502

Valmet war ein in Finnland beheimateter bedeutender Traktorhersteller. Die Schlepper fanden jedoch nicht nur in Skandinavien eine weite Verbreitung, sondern wurden bis nach Südamerika geliefert. 1975 kam mit dem Valmet 1502 ein neues innovatives und leistungsstarkes Modell auf den Markt. Es zeichnete sich durch drei Achsen aus. Die sechs Räder sollten den Bodendruck verringern und zugleich die Zugleistung erhöhen. Der Sechszylinder-Motor wurde von Valmet selbst hergestellt. Er verfügte über 6,6 Liter Hubraum und leistete 136 PS. Ein Novum war auch die moderne Glaskabine, die dem Fahrer einen komfortablen Arbeitsplatz und einen hervorragenden Ausblick bot.

TECHNISCHE DATEN	
Bauzeit	1975–1980
Motor	Valmet 611 CS
Getriebe	16V 4R
Leistung	136 PS
Hubraum	6600 ccm
Zylinder	6
Höchstgeschwindigkeit	34 km/h
Länge	5300 mm
Gewicht	6900 kg

Der Valmet 1502 fiel sofort durch seine sechs Räder auf.

248 Massey Ferguson MF 4840

Der MF 4840 war ein gigantischer Knicklenker für den nordamerikanischen Markt.

Als einer der größten Traktorhersteller hatte Massey Ferguson einen bedeutenden Anteil an dem Markt für Großtraktoren. Der MF 4840 war ein Knicklenker, der in Amerika hergestellt wurde und für die nordamerikanische Landwirtschaft bestimmt war. Ein Achtzylinder-Cummins-Motor diente als Kraftgenerator. Die Kabine war mit einer Heizung und einer Klimaanlage ausgestattet. Der Fahrersitz besaß sogar einen Sicherheitsgurt. Vor der Sonneneinstrahlung schützte das getönte Glas.

TECHNISCHE DATEN	
Bauzeit	1978–1983
Motor	Cummins V-903
Getriebe	18V 3R
Leistung	265 PS
Hubraum	14800 ccm
Zylinder	8
Höchstgeschwindigkeit	32 km/h
Länge	6500 mm
Gewicht	14025 kg

249 Mercedes-Benz MB-trac 1300

Der MB-trac 1300 war der meistverkaufte der schweren Baureihe 443 aus der Familie der MB-tracs.

Die MB-tracs sind Systemfahrzeuge, das heißt, sie können vielseitig eingesetzt werden und mehrere Arbeiten gleichzeitig durchführen, wobei die drei Anbauräume sehr hilfreich sind. Der MB-trac 1300 gehörte zur schweren Baureihe 443, die der 125/135 im Jahr 1974 eingeläutet hatte. 2.908 Stück wurden von diesem 125 PS starken Trac seit 1976 gebaut, bis er 1987 vom Modell 1300 turbo abgelöst wurde. Kennzeichen für die Trac-Bauart waren die vier gleich großen Räder. Ein Nachteil war der höhere Wendekreis.

TECHNISCHE DATEN	
Bauzeit	1976–1987
Motor	Mercedes-Benz OM 352 A
Getriebe	14V 14R
Leistung	125 PS
Hubraum	5958 ccm
Zylinder	6
Höchstgeschwindigkeit	40 km/h
Länge	4680 mm
Gewicht	5880 kg

250 Steiger Panther III PTA-325

Die Stadt Fargo, im amerikanischen Bundesstaat North Dakota, ist seit 1969 als Produktionsstandort der Steiger-Traktorgiganten berühmt. Dort entstand die Serie Panther III, zu der ab 1980 der 325 hp (329,5 PS) starke Panther III PTA-325 und sein kleinerer Bruder Panther III PTA-310 (310 hp / 314 PS) gehörten. Angetrieben wurden die Schlepperriesen von Caterpillar-Motoren.

Die Panther-III-Modelle von Steiger sind mit den großen Rädern und der Knicklenkung auch heute noch beeindruckende Fahrzeuge.

TECHNISCHE DATEN	
Bauzeit	1980–1982
Motor	Caterpillar 3406
Getriebe	10V 2R
Leistung	329,5 PS
Hubraum	14600 ccm
Zylinder	6
Höchstgeschwindigkeit	25 km/h
Länge	6710 mm
Gewicht	13428 kg

251 Schlüter Compact 850 V

Der Schlüter Compact 850 war das erste Modell der Compact-Serie. Er war zugleich auch das erfolgreichste Mitglied der Baureihe. Von 1978 bis 1983 wurden ungefähr 1730 Exemplare des Modells hergestellt. Den 85 PS starken Schlepper gab es mit Hinterradantrieb und als Compact 850 V auch mit Allradantrieb. In der Standardversion besaß das Getriebe zwölf Vorwärts- und sechs Rückwärtsgänge. Auf Wunsch konnte die Gangzahl auf 16 Vorwärts- und acht Rückwärtsgänge erhöht werden. 1981 wurde die Höchstgeschwindigkeit auf 40 Stundenkilometer erhöht.

Der Compact 850 V besaß eine hydraulisch kippbare Kabine.

TECHNISCHE DATEN	
Bauzeit	1978–1983
Motor	Schlüter SDM 110 W4
Getriebe	12 V 6 R
Leistung	85 PS
Hubraum	4752 ccm
Zylinder	4
Höchstgeschwindigkeit	40 km/h
Länge	4110 mm
Gewicht	3800 kg

Der Markt für Großtraktoren wie den Favorit 622 LS war Anfang der achtziger Jahre noch klein.

252 Fendt Favorit 622 LS

Mit dem Favorit 622 LS überschritt Fendt zum ersten Mal mit einem seriengefertigten Schlepper die 200-PS-Grenze. Bisher hatte Fendt seine Traktoren in Blockbauweise gefertigt. Dies wurde beim Favorit 622 LS aufgegeben. Der Motor wurde bei diesem Modell auf Gummiblöcken gelagert und in einem stabilen Stahlgehäuse aufgehägt. Diese Konstruktion verhinderte, dass vom Motor aus Schwingungen auf das Fahrzeug übertragen wurden. Eine weitere Besonderheit war der kurze Radstand, der die Wendigkeit erhöhte und gemeinsam mit der Gewichtsverteilung die Kraftübertragung des Allradantriebs optimierte. Allerdings blieb die Nachfrage nach dem Großtraktor gering, weshalb nur elf Exemplare hergestellt wurden.

TECHNISCHE DATEN	
Bauzeit	1980–1982
Motor	MAN D 2566 ME
Getriebe	18V 6R
Leistung	211 PS
Hubraum	11413 ccm
Zylinder	6
Höchstgeschwindigkeit	40 km/h
Länge	5600 mm
Gewicht	9575 kg

253 Schlüter Profi Trac 5000 TVL

Schlüter galt als eine der bayerischen Traktormarken schlechthin und war lange Zeit das wirtschaftliche Wahrzeichen der Stadt Freising. Aber erst nach dem Zweiten Weltkrieg wurde die Freisinger Zweigstelle zum Schlüter-Hauptwerk. Mitte der sechziger Jahre begann man in Freising mit dem Bau großer Traktoren. Vor allem die Profi-Trac-Reihe machte Schlüter weithin bekannt. Die guten Kontakte nach Jugoslawien lieferten den Anreiz zum Bau immer stärkerer Schlepper, was schließlich zum Entstehen des Profi Trac 5000 TVL, des größten in Europa gebauten Schleppers, führte. Der politische Umbruch in Jugoslawien nach dem Tode Titos führte jedoch dazu, dass der erhoffte Abnehmer wegfiel und der Profi Trac 5000 TVL ein Einzelstück blieb. 1993 kam der Gigant zur LTS in Schönebeck, wo die Produktion der Schlüter-Tracs fortgeführt werden sollte. Zwei Jahre später kam der 500-PS-Schlepper zu einer neuen Adresse. Er wird von Franz-Josef Stetter übernommen, bei dem er im Bodenverdichtungsunternehmen seine Arbeit verrichtet.

▶ Wussten Sie schon?
Der Profi Trac 5000 TVL ist auch heute noch auf Schlüter-Feldtagen zu sehen und zieht dort viele Schaulustige an.

TECHNISCHE DATEN	
Bauzeit	1978
Motor	MAN D 2542 MTE
Getriebe	8V 1R
Leistung	500 PS
Hubraum	20911 ccm
Zylinder	12
Höchstgeschwindigkeit	30 km/h
Länge	6250 mm
Gewicht	18000 kg

Es gibt nur ein Exemplar von ihm: der Profi Trac 5000 TVL.

254

Deutz D 48 07

Bei Klöckner-Humboldt-Deutz begann man 1980 die kleineren Modelle der erfolgreichen 06-Reihe mit der neuen 07-Reihe zu ersetzen. Die ersten Modelle der 07-Baureihe waren mit Dreizylinder-Motoren ausgerüstet. Dazu gehöre der D 4807, den es mit Hinterrad- und Allradantrieb gab. Zwei Jahre nach Produktionsbeginn wurde eine Ausführung des D 4807 mit einer Komfort-Kabine eingeführt. Diese Version besaß neben einer besonderen Kabine auch ein anderes Getriebe, etwas andere Maße und hatte einen verschobenen Tank. Beide Varianten wurden bis 1984 gebaut.

TECHNISCHE DATEN	
Bauzeit	1980–1984
Motor	Deutz F3L 912
Getriebe	12V 4R
Leistung	45 PS
Hubraum	2826 ccm
Zylinder	3
Höchstgeschwindigkeit	25 km/h
Länge	3490 mm
Gewicht	2230 kg

Die Modelle der 07-Reihe waren eine Weiterentwicklung der 06-Reihe.

Das Arbeiten mit mehreren Geräten war einer der Vorteil des INTRAC.

255

Deutz-Fahr INTRAC 2004

Klöckner-Humboldt-Deutz hatte 1978 die INTRAC-Reihe erfolgreich gestartet. In den folgenden Jahren wurden weitere Modelle dieser neuartigen Traktoren auf den Markt gebracht. Als letztes gesellte sich 1978 der INTRAC 2004 zur Baureihe. Der INTRAC hatte mehrere Vorteile gegenüber den Standardtraktoren. Dazu gehörten die drei Anbauräume und die Kabine, die einen ungehinderten Ausblick auf den Frontbereich erlaubte. Da keine Motorhaube vorhanden war, wurde der Antrieb unterhalb der Fahrerkabine untergebracht. Beim INTRAC 2004 handelte es sich um einen luftgekühlten Vierzylinder-Motor von Deutz. Das Getriebe besaß zwölf Vorwärts- und vier Rückwärtsgänge. Auf der Straße erreichte der mit einem Allradantrieb ausgestattete Schlepper anfangs 25 Stundenkilometer, später wurde die Höchstgeschwindigkeit auf 30 km/h erhöht. Der INTRAC 2004 war das erfolgreichste Modell der Baureihe. Er wurde bis 1989 hergestellt. Insgesamt blieben die Käufer jedoch zurückhaltend.

▶ Wussten Sie schon?
Durch den Unterflurmotor versperrte keine Motorhaube die Sicht des Fahrers auf den Frontanbauraum.

TECHNISCHE DATEN	
Bauzeit	1978–1989
Motor	Deutz F4L 912
Getriebe	12V 4R
Leistung	70 PS
Hubraum	3770 ccm
Zylinder	4
Höchstgeschwindigkeit	25 km/h
Länge	4400 mm
Gewicht	3630 kg

256 John Deere 2140

Neben der Allradversion war der John Deere 2140 auch in einer Ausführung mit Hinterradantrieb verfügbar.

Der John Deere 2140 gehörte zu den Vierzylinder-Schleppern der 40er-Reihe, die ab 1979 in Mannheim gefertigt wurden. Die Kabine wurde ab 1981 in Bruchsal hergestellt. Sie zeichnete sich durch eine gewölbte spiegelfreie Scheibe und einen besonderen Schutz des Fahrers vor Lärm und Vibrationen aus. In der Standardausführung besaß das Getriebe acht Vorwärts- und vier Rückwärtsgänge. Auf Wunsch war ein Power-Synchron-Getriebe mit 16 Vorwärts- und acht Rückwärtsgängen verfügbar.

TECHNISCHE DATEN	
Bauzeit	1979–1987
Motor	John Deere 4239TL
Getriebe	8V 4R
Leistung	82 PS
Hubraum	3920 ccm
Zylinder	4
Höchstgeschwindigkeit	30 km/h
Länge	3930 mm
Gewicht	3790 kg

257 Mercedes-Benz Unimog U 1700 A

Der U 1700 A diente speziell für den Einsatz als Zug- und Arbeitsmaschine in der Landwirtschaft.

Das „A“ bei diesem Modell steht für „Agrar“, denn dieser Unimog konnte speziell auf die landwirtschaftliche Tätigkeit hin abgestimmt werden. Mit seinen drei Anbauräumen konnte er zum Beispiel hervorragend mit Saatbettkombinationen arbeiten. Der Saatguttank war dabei auf der Fläche hinter dem Fahrerhaus angebracht. Der sehr starke U 1700 hatte für damalige Zeiten (1979-1988) recht hohe 168 PS. Immerhin 1.161 Käufer interessierten sich für die universelle Einsetzbarkeit dieses Fahrzeugs.

TECHNISCHE DATEN	
Bauzeit	1979–1988
Motor	Mercedes-Benz OM 366 A
Getriebe	8V 8R
Leistung	168 PS
Hubraum	5958 ccm
Zylinder	6
Höchstgeschwindigkeit	90 km/h
Länge	5210 mm
Gewicht	5940 kg

IFA ZT 303 D

258

Der ZT 303-D wurde 1981 vorgestellt. 303 war die Kennung für Allradversionen des ZT 300, D war die vierte Baugeneration. Der ZT 303 D hatte den bewährten Vierzylinder-Motor im bei MAN abgeschauten Mit-

Mit dem ZT 303 D war der IFA in der DDR ein Höhepunkt im Schlepperbau gelungen.

tenkugelverfahren mit einem Hubraum von 6.560 ccm. Bei einer Umdrehung von 1.850 U/min schaffte der ZT 303 93 PS. Mit dieser Leistung konnte er auch schwere Arbeiten verrichten. Das leistungsfähige Getriebe bot neun Vorwärts- und sechs Rückwärtsgänge.

TECHNISCHE DATEN

Bauzeit	1981–1989
Motor	Nordhausen 4 VD 14,5-12,4 SRW
Getriebe	9V 6R
Leistung	93 PS
Hubraum	6560 ccm
Zylinder	4
Höchstgeschwindigkeit	29 km/h
Länge	k.A.
Gewicht	5195 kg

Eicher 3048

259

Die Economy-Reihe wurde von Eicher in den achtziger Jahren ins Leben gerufen. Die Schlepper hatten zu dieser Zeit nur noch Nummern als Typenbezeichnungen. Den 3048 gab es unter der technischen Bezeichnung 3257 mit Hinterradantrieb und als 3258 mit

Alle Modelle der Economy-Reihe waren in einer 40 km/h schnellen Version erhältlich.

Allradantrieb. Dass die Geschwindigkeit eine wachsende Rolle spielte, dessen war man sich auch bei Eicher bewusst, weswegen neben der Version mit 30 km/h Höchstgeschwindigkeit auch eine Ausführung, die 40 Stundenkilometer erreichen konnte, angeboten wurde.

TECHNISCHE DATEN

Bauzeit	1981–1990
Motor	Eicher EDL 3-7
Getriebe	16V 4R
Leistung	48 PS
Hubraum	2945 ccm
Zylinder	3
Höchstgeschwindigkeit	40 km/h
Länge	3525 mm
Gewicht	2895 kg

260 Fendt Favorit 626 LSA

In den achtziger Jahren war der westeuropäische Markt für Großtraktoren wie den Favorit 626 LSA noch zu klein.

Fendt nahm 1981 einen weiteren Großtraktor mit in das Produktionsprogramm auf. Es handelte sich um den Favorit 626 LSA. Der Allradtraktor wurde von einem Sechszylinder-Motor von MAN angetrieben. In der Normalausführung besaß der Favorit 626 LSA ein Getriebe mit 18 Vorwärts- und sechs Rückwärtsgängen. Auf Wunsch war er mit einem Wendegetriebe mit 16 Gängen in beide Fahrtrichtungen erhältlich. Die Höchstgeschwindigkeit lag bei 40 Stundenkilometern. Der Fahrer saß in einer großräumig und komfortabel gestalteten Kabine. Mit dem 252 PS starken Schlepper war Fendt in die oberste Leistungsklasse vorgestoßen. Allerdings war der Favorit für den europäischen Markt damals noch zu stark und verkaufte sich nur 62-mal.

TECHNISCHE DATEN	
Bauzeit	1981–1986
Motor	MAN D 2566 MTE
Getriebe	18V 6R
Leistung	252 PS
Hubraum	11413 ccm
Zylinder	6
Höchstgeschwindigkeit	40 km/h
Länge	5600 mm
Gewicht	9565 kg

Fendt Farmer 309 LSA

Der Farmer 309 LSA gehörte zu den Verkaufsschlagern aus dem Hause Fendt. Er wurde von 1981 bis 1998 produziert und verkaufte sich über 15.000-mal. Einer der Gründe für den Erfolg lag beim Allradantrieb, denn die Version mit Hinterradantrieb mit der Bezeichnung Farmer 309 LS verkaufte sich bedeutend schlechter. Dies lag daran, dass die Landwirte mit immer größeren Maschinen arbeiteten und eine verstärkte Zugleistung verlangten. Das Getriebe war alternativ in einer Version mit Superkriechgängen erhältlich. In dieser Ausführung besaß es 20 Vorwärts- und sechs Rückwärtsgänge. 1984 wurde das Getriebe durch eine neue Ausführung mit 21 Vorwärts- und sechs Rückwärtsgängen ersetzt. Der Motor stammte von dem Mannheimer Unternehmen MWM. Es handelte sich um ein wassergekühltes Vierzylinder-Dieselaggregat mit Turbolader. Ab 1984 kamen beim Farmer 309 LSA ebenfalls neuere Versionen des Motors zum Einsatz. Die Leistung stieg 1989 auf 90 PS.

▶ Wussten Sie schon?
Unter der Motorhaube arbeitete ein MWM-Motor, der später durch neuere Versionen ersetzt wurde.

TECHNISCHE DATEN

Bauzeit	1981–1998
Motor	MWM TD 226-4.2
Getriebe	15V 4R
Leistung	86 PS
Hubraum	4154 ccm
Zylinder	4
Höchstgeschwindigkeit	40 km/h
Länge	4000 mm
Gewicht	3935 kg

17 Jahre lang befand sich der Farmer 309 LSA im Produktionsprogramm von Fendt.

262 Deutz-Fahr DX 4.51

Die zweite Generation der DX-Baureihe wurde 1983 gestartet. Der DX 4.50 ersetzte den DX 86. Aber gegen Ende der achtziger Jahre war die Zeit dieser DX-Generation ebenfalls abgelaufen. Neue Baureihen traten an ihre Stelle. Manche der Modelle bekamen jedoch eine andere Kabine, die StarCab hieß, verpasst, und wurden noch bis 1990 produziert. Zu diesen Modellen gehörte auch der DX 4.50, der mit der neuen Kabine die Typenbezeichnung DX 4.51 bekam. Die StarCab war mit einer Heizung ausgestattet, besaß einen ebenen Boden und sehr guten Lärmschutz. Die Gangschaltung befand sich seitlich vom Fahrersitz. Die sonstige Ausstattung blieb jedoch die gleiche.

TECHNISCHE DATEN

Bauzeit	1983–1990
Motor	Deutz BF4L 913
Getriebe	18V 6R
Leistung	82 PS
Hubraum	4085 ccm
Zylinder	4
Höchstgeschwindigkeit	40 km/h
Länge	4140 mm
Gewicht	2400 kg

Der DX 4.51 entsprach dem DX 4.50, war jedoch mit einer anderen Kabine versehen.

John Deere 4450

Aus dem John-Deere-Werk in Waterloo stammte der Großtraktor 4450.

In den für viele Traktor- und Landmaschinenhersteller schwierigen achtziger Jahren startete John Deere die 50er-Reihe, die aus fünf Mittelklassetraktoren, fünf Großtraktoren und drei Supertraktoren bestand. Zur Klasse der Großschlepper, den sogenannten „Viertausendern", gehörte der John Deere 4450. Wie die anderen Modelle seiner Klasse war er mit Hinterrad- und Allradantrieb verfügbar. Trotz seiner Größe konnte er einen relativ kleinen Wenderadius vorweisen, da die Vorderräder um bis zu 50 Grad eingeschlagen werden konnten. Die moderne Kabine mit der Bezeichnung SG2 bot Schutz vor Hitze, Kälte, Staub, Feuchtigkeit und schlechtem Wetter. Hergestellt wurden der 4450 und die anderen Modelle seiner Klasse in Waterloo.

▶ Wussten Sie schon?

Trotz seiner Größe zeichnete sich der John Deere 4450 durch eine relativ hohe Wendigkeit aus.

TECHNISCHE DATEN	
Bauzeit	1983–1988
Motor	John Deere 6466T
Getriebe	15V 4R
Leistung	160 PS
Hubraum	7640 ccm
Zylinder	6
Höchstgeschwindigkeit	30 km/h
Länge	4870 mm
Gewicht	6820 kg

264 Valmet 705

Die Valmet-Traktoren waren ab 1988 in verschiedenen Farben zu haben.

Das Modell 705 wurde von dem finnischen Hersteller Valmet 1983 auf den Markt gebracht. Die maximale Leistung des Vierzylinder-Dieselmotors lag anfangs bei 83 PS. 1989 wurde sie auf 90 PS erhöht. In der Standardausführung besaß der Valment 705 ein Getriebe mit acht Vorwärts- und vier Rückwärtsgängen. Auf Wunsch war eine Schaltung mit 16 Vorwärts- und acht Rückwärtsgängen erhältlich. Anfangs erreichte der Schlepper eine Höchstgeschwindigkeit von 29,6 km/h. Ab 1989 konnte der 705 auf der Straße bis zu 38,1 Stundenkilometer erreichen.

TECHNISCHE DATEN	
Bauzeit	1983–1991
Motor	Valmet TD44DS7
Getriebe	8V 4R
Leistung	90 PS
Hubraum	4400 ccm
Zylinder	4
Höchstgeschwindigkeit	38,1 km/h
Länge	4520 mm
Gewicht	4030 kg

265 John Deere 1850

Wie bei allen John-Deere-Modellen bestand auch beim 1850 eine große Auswahl bei der Ausstattung.

Der John Deere 1850 gehörte zu den neueren Modellen der 50er-Reihe, die Ende der achtziger Jahre auf den Markt kamen. Als Dreizylinder-Modell gehörte er zum Produktionsprogramm des Mannheimer Werks. Er war sowohl mit Hinterrad- als auch mit Allradantrieb erhältlich. Wie bei den meisten John-Deere-Modellen gab es mehrere Getriebe zur Auswahl. Die Anzahl der Gänge konnte bei acht Vorwärts- und vier Rückwärts- oder bei 16 Vorwärts- und acht Rückwärtsgängen liegen. Die Höchstgeschwindigkeit konnte 30 oder 40 km/h betragen.

TECHNISCHE DATEN	
Bauzeit	1986–1994
Motor	John Deere 3179DL
Getriebe	8V 4R
Leistung	56 PS
Hubraum	2940 ccm
Zylinder	3
Höchstgeschwindigkeit	30 km/h
Länge	3754 mm
Gewicht	3290 kg

Eicher 635 KA

266

Angesichts der schwierigen Umsatzentwicklung seit den siebziger Jahren musste sich Eicher neu aufstellen. 1984 kam der Konkurs, ein Jahr später gründeten Eicher-Händler das Unternehmen neu. Immer stärker wurde nun auf die Schmalspurschleppersparte gesetzt. 1986 stellte Eicher die Baureihe 600 vor. Kleinster im Programm war der 635 K mit 35 PS. Zu ihm hatte sich die Allradversion 635 KA gesellt. Dieses Modell wurde ab 1991 nach dem Umzug in Cunewalde gebaut.

Der 635 KA: Die beiden Buchstaben wurden auf dem Schlepper nicht wiedergegeben.

TECHNISCHE DATEN	
Bauzeit	1986–1993
Motor	Eicher EDL 2-1
Getriebe	11V 2R
Leistung	35 PS
Hubraum	1963 ccm
Zylinder	2
Höchstgeschwindigkeit	25,4 km/h
Länge	2495 mm
Gewicht	1510 kg

Deutz-Fahr IN-trac 6.60

267

In den achtziger Jahren entschloss man sich bei Klöckner-Humboldt-Deutz, das Trac-Konzept neu zu beleben. Die vorhergehenden INTRAC-Modelle waren in Hinsicht auf die Akzeptanz bei den Kunden weit hinter den Erwartungen zurückgeblieben. Mit neuen Schleppern dieser Bauart, die alle mit einem Allradantrieb und einer höheren Motorleistung versehen waren, versuchte man nun endlich zum Erfolg zu gelangen. Der IN-trac 6.60 war mit seinen 150 PS das stärkste Modell der neuen Trac-Reihe. Allerding wurde er nur bis 1990 hergestellt.

Der große Erfolg blieb KHD auch mit den neuen IN-trac-Modellen versagt.

TECHNISCHE DATEN	
Bauzeit	1987–1990
Motor	Deutz BF6L 913
Getriebe	15V 5R
Leistung	150 PS
Hubraum	6128 ccm
Zylinder	6
Höchstgeschwindigkeit	40 km/h
Länge	5200 mm
Gewicht	6300 kg

Fendt F 380 GTA

Ebenso wie bei den Standardtraktoren stieg die Motorleistung der Geräteträger ständig an. 1985 brachte die allgäuer Traktorschmiede Fendt mit dem F 380 GTA den bis dahin stärksten Geräteträger auf den Markt. Für die Leistung war der Vierzylinder-Motor von Klöckner-Humboldt-Deutz zuständig. Der F 380 GTA war standardmäßig mit Allradantrieb ausgestattet. Das Getriebe bot 21 Vorwärts- und sechs Rückwärtsgänge. Auf Wunsch war es in einer Version mit zusätzlichen Kriechgängen erhältlich. Was den F 380 GTA von früheren Geräteträgern unterschied, war der fehlende Anbauraum zwischen den Achsen. Dies und der Einschlagwinkel der Räder von bis zu 50 Grad erhöhten die Wendigkeit des Fahrzeugs. Auf den Zwischenachsanbauraum konnte verzichtet werden, weil die hohe Motorleistung und die starke Hydraulik die Arbeit mit großen Gerätekombinationen am Heck, wie sie auch bei den Standardtraktoren häufig waren, ermöglichten. Der F 380 GTA war einer der erfolgreichsten und am längsten gebauten Geräteträger von Fendt.

TECHNISCHE DATEN

Bauzeit	1985–2003
Motor	Deutz F4L 913 H
Getriebe	21V 6R
Leistung	80 PS
Hubraum	4086 ccm
Zylinder	4
Höchstgeschwindigkeit	40 km/h
Länge	4250 mm
Gewicht	3980 kg

Hinsichtlich der Leistung machten die Geräteträger die gleiche Entwicklung wie die Standardtraktoren mit.

Deutz-Fahr DX 4.50

Die MasterCab genannte Kabine der DX-Reihe galt als eine der fortschrittlichsten der Zeit.

Klöckner-Humboldt-Deutz begann 1983 eine Erneuerung des Traktorprogramms. Dazu gehörte die Einführung neuer DX-Modelle. Den Anfang machten drei Vierzylinder-Traktoren, zu denen auch der DX 4.50 gehörte. Der 82 PS leistende luftgekühlte Motor mit Abgasturbolader stammte aus dem KHD-Werk in Köln. Der DX 4.50 war sowohl mit Hinterrad- als auch mit Allradantrieb erhältlich. Beim Getriebe standen ebenfalls zwei Versionen zur Auswahl. Eine davon bot 18, die andere 24 Vorwärtsgänge. Auf der Straße war eine Höchstgeschwindigkeit von 40 Stundenkilometern zu erreichen. Der DX 4.50 wurde bis 1989 hergestellt. In der Version 4.51 mit einer anderen Kabine war er bis 1990 erhältlich. Als Nachfolger der DX-Modelle gelten die Baureihen AgroPrima, AgroXtra und AgroStar. Aus dem DX 4.51 wurde der Agro-Prima 4.51.

▶ Wussten Sie schon?

Der DX 4.50 war ein Verkaufsschlager. Er war das meistverkaufte Modell der neuen vierzylindrigen DX-Klasse.

TECHNISCHE DATEN

Bauzeit	1983–1989
Motor	Deutz BF4L 913
Getriebe	18V 6R
Leistung	82 PS
Hubraum	4085 ccm
Zylinder	4
Höchstgeschwindigkeit	40 km/h
Länge	4140 mm
Gewicht	3990 kg

270 Mercedes-Benz MB-trac 900 turbo

Der MB-trac 900 wurde zur leichten Baureihe dieser Fahrzeugfamilie gezählt, doch er hatte bereits einen Turbomotor.

Mit dem 900er wurde 1987 der letzte Schlepper der leichten Baureihe (440) in den Verkauf genommen. Er war wie seine großen Brüder mit einem Turbomotor ausgerüstet. Das Getriebe stammte natürlich von Mercedes-Benz selber. Eine Spitzengeschwindigkeit von 40 km/h war mit ihm möglich. Da die Räder alle gleich groß waren und alle angetrieben wurden, konnte man vorn und hinten identische Portalachsen einbauen. Für den landwirtschaftlichen Betrieb musste die Ausstattung erweitert werden. Dieses Modell wurde bis zur Einstellung der MB-tracs gebaut.

TECHNISCHE DATEN

Bauzeit	1987–1991
Motor	Mercedes-Benz OE
Getriebe	16V 8R
Leistung	90 PS
Hubraum	3972 ccm
Zylinder	4
Höchstgeschwindigkeit	40 km/h
Länge	4150 mm
Gewicht	4080 kg

271 Mercedes-Benz MB-trac 1600 turbo

Das Modell 1600 turbo wurde von 1987 bis zur Einstellung der MB-tracs im Jahr 1991 gebaut.

Mercedes-Benz führte 1987 eine neue Generation der MB-tracs ein, zu der auch der 1600 turbo gehörte. Ihr wichtigstes Kennzeichen waren die Turboladermotoren, mit denen eine bessere Motorleistung erzielt werden konnte. Die Fahrerkabine erfüllte alle Anforderungen an Komfort und Ausstattung. Der 1600 turbo hatte einen Sechszylinder-Motor mit 156 PS und war damit über 90 PS stärker als der erste MB- trac. Das Wendegetriebe hatte in jede Richtung vierzehn Gänge.

TECHNISCHE DATEN

Bauzeit	1987–1991
Motor	Mercedes-Benz OM 366 LA (Turbo)
Getriebe	14V 14R
Leistung	156 PS
Hubraum	5958 ccm
Zylinder	6
Höchstgeschwindigkeit	40 km/h
Länge	4680 mm
Gewicht	6320 kg

Fendt F 395 GTA

272

Mit seinen 115 PS Leistung war der F 395 GTA der stärkste Geräteträger von Fendt. Unter der Fahrerkabine war ein Sechszylinder-Motor von Deutz eingebaut. Neben der Standardversion des Getriebes mit 21 Vorwärts- und sechs Rückwärtsgängen gab es auch eine Version mit zusätzlich neun Kriechgängen für die Vorwärts- und drei Kriechgängen für die Rückwärtsfahrt. Außer der Normalausführung war auch eine Hochradversion des F 395 GTA erhältlich. Zur Standardausführung gehörte bei beiden Versionen der Allradantrieb.

Der F 295 GTA war der stärkste Geräteträger von Fendt.

TECHNISCHE DATEN

Bauzeit	1989–2000
Motor	Deutz F6L 912 H
Getriebe	21V 6R
Leistung	115 PS
Hubraum	6128 ccm
Zylinder	6
Höchstgeschwindigkeit	40 km/h
Länge	4816 mm
Gewicht	5210 kg

Mercedes-Benz Unimog U 2100

273

Mercedes-Benz präsentierte 1989 den U 2100, der in die Oberklasse der Unimog gehörte. Dieses 214-PS-Kraftpaket eignete sich für schwerste Zugarbeiten und konnte auch in einer Agrar-Ausstattung erworben werden. Der Sechszylindermotor hatte einen Turbolader und Ladeluftkühlung. Das Wechselgetriebe hatte in drei Gruppen je acht Gänge vorwärts und rückwärts. Er hatte eine elektronische Hubwerksregelung, ein Fronthubwerk und eine Frontzapfwelle. Auf Wunsch konnte das Fahrerhaus um etwa 10 Zentimeter höhergelegt werden.

Mit dem U 2100 knackten die Unimog erstmals die Leistungsgrenze von 200 PS.

TECHNISCHE DATEN

Bauzeit	1989–2002
Motor	Mercedes-Benz OM 366 LA (Turbo)
Getriebe	24V 24R
Leistung	214 PS
Hubraum	5958 ccm
Zylinder	6
Höchstgeschwindigkeit	90 km/h
Länge	4750 mm
Gewicht	5690 kg

274 Landini 7880 Turbo

Die Zeit der Glühkopfmotoren ist auch bei Landini schon lange vorbei.

Der in dem kleinen italienischen Ort Fabbrico beheimatete Traktorhersteller Landini war einst für seine Glühkopfmotoren bekannt. Ab 1957 begann Landini aber aufgrund des unaufhaltsamen Siegeszuges des Dieselmotors seine Schlepper mit Perkins-Motoren auszurüsten. Seit 1994 gehört das Unternehmen zur ARGO-Gruppe. Das Modell 7880 wurde 1987 eingeführt. Alternativ zu dem Getriebe mit zwölf Vorwärts- und vier Rückwärtsgängen stand eine Ausführung mit 24 Vorwärts- und zwölf Rückwärtsgängen zur Verfügung.

TECHNISCHE DATEN	
Bauzeit	1987–2000
Motor	Perkins A4.248
Getriebe	12V 4R
Leistung	80 PS
Hubraum	4065 ccm
Zylinder	4
Höchstgeschwindigkeit	30 km/h
Länge	3850 mm
Gewicht	3650 kg

275 Deutz-Allis 9170

Unter der Motorhaube des Deutz-Allis 9170 arbeitet ein Deutz-Motor.

Klöckner-Humboldt-Deutz übernahm 1987 das in Schwierigkeiten geratene amerikanische Landtechnikunternehmen Allis-Chalmers und benannte es in Deutz-Allis um, und so hießen auch die Traktoren, die in den USA verkauft wurden. Die KHD-Tochter schrieb jedoch Verlust. 1990 wurde Deutz-Allis in einem Management-Buy-out übernommen, was zur Gründung von AGCO führte.

TECHNISCHE DATEN	
Bauzeit	1989–1992
Motor	Deutz Diesel
Getriebe	18V 6R
Leistung	172 PS
Hubraum	6100 ccm
Zylinder	6
Höchstgeschwindigkeit	32 km/h
Länge	k.A.
Gewicht	7121 kg

John Deere 8870

Der John Deere 8870 gehörte zur 70er-Reihe, die in der ersten Hälfte der neunziger Jahre in Waterloo, in Iowa, hergestellt wurde. Die vier Modelle der Baureihe 70 waren sogenannte Knicklenker. Das heißt, dass nicht mit den Vorderrädern gesteuert wurde, sondern dass sich der Rumpf zum Steuern abknickte. Trotz ihrer Größe wurde bei den 70er-Traktoren darauf geachtet, dass der Kraftstoffverbrauch und die Betriebskosten relativ gering blieben. Sie sollten auf den großen Feldern einen rentableren Einsatz als mit kleineren Traktoren ermöglichen. Auf Wunsch war der John Deere 8870 mit einem PowrSync-Getriebe mit zwölf Vorwärts- und sechs Rückwärtsgängen erhältlich.

▶ Wussten Sie schon?
Ein rentabler Einsatz des John Deere 8870 war vor allem auf den großen Feldern Nordamerikas möglich.

TECHNISCHE DATEN

Bauzeit	1993–1996
Motor	John Deere 6101
Getriebe	12V 3R
Leistung	350 PS
Hubraum	10144 ccm
Zylinder	6
Höchstgeschwindigkeit	30 km/h
Länge	6800 mm
Gewicht	14260 kg

Mit seiner Zweifachbereifung bot er einen imposanten Anblick: der John Deere 8870.

Bei der Kabine konnte sich der Käufer des John Deere 2650 zwischen zwei Varianten entscheiden.

277

John Deere 2650

Die kleineren Mitglieder der 50er-Reihe wurden in Mannheim hergestellt. Der John Deere 2650 gehörte zu den neuen Modellen der Baureihe, mit denen Ende der achtziger Jahre einige frühere Modelle abgelöst wurden. Bei den Vierzylinder-Schleppern standen zwei Kabinen zur Auswahl. Die MC1-Kabine war die kostengünstigere der beiden. Wer Wert auf mehr Komfort legte, konnte sich für die SG2-Kabine mit DeLuxe-Sitz und verstellbarem Lenkrad entscheiden. Für saubere Luft sorgte ein Filtersystem. In einigen Ländern am Mittelmeer und außerhalb Europas wurde der 2650 auch ohne Kabine angeboten. Er war optional mit einem Sonnenschutzdach oder einem Umsturzbügel erhältlich.

▶ **Wussten Sie schon?**

Ende der achtziger Jahre wurden in Mannheim die Vierzylinder-Modelle hergestellt, zu denen der 2650 gehörte.

TECHNISCHE DATEN	
Bauzeit	1987–1994
Motor	John Deere 4239TL
Getriebe	8V 4R
Leistung	78 PS
Hubraum	3920 ccm
Zylinder	4
Höchstgeschwindigkeit	30 km/h
Länge	4190 mm
Gewicht	3800 kg

Fendt Xylon 524

Fendt stellte 1994 eine neue Reihe von Systemtraktoren für den Einsatz in der Landwirtschaft, in Kommunen sowie in der Bau- und Forstwirtschaft vor. Mit seinen drei Anbau- und dem Aufbauraum hinter der Kabine verband der Xylon eine leichte Einsetzbarkeit von Anbaugeräten mit der Leistungsstärke von großen Traktoren und dem Fahrkomfort von Lastkraftwagen. Der Motor befand sich unterhalb der Kabine, so dass der Fahrer einen ungehinderten Ausblick auf den Frontanbauraum hatte. Der Xylon 524 war das stärkste Modell der Baureihe. Der Vierzylinder-Motor leistete 140 PS. Er war auch das meistverkaufte Modell der Systemtraktoren. 1.423 Exemplare fanden einen Abnehmer.

TECHNISCHE DATEN	
Bauzeit	1994–2004
Motor	MAN D 0824
Getriebe	44V 44R
Leistung	140 PS
Hubraum	4580 ccm
Zylinder	4
Höchstgeschwindigkeit	40 km/h
Länge	5415 mm
Gewicht	5950 kg

Von der Kabine des Xylon aus besaß der Fahrer einen hervorragenden Ausblick auf alle Seiten.

279 MB-trac 1800 intercooler

Der MB-Trac 1800 intercooler war der triumphale Schlusspunkt der Geschichte des MB-tracs.

Der erste MB-trac wurde 1972 gebaut. Der im Juni 1990 erstmals verkaufte MB-trac 1800 intercooler gehört zu den Modellen, die bis zur Einstellung des MB-trac im Dezember 1991 produziert wurden. Der Sechszylinder-Dieselmotor OM 366A von Mercedes-Benz wurde mit einem Turbolader ausgestattet. Als einziger Traktor dieser Marke hatte er außerdem eine Ladeluftkühlung, die man im Englischen als Intercooler bezeichnete. In der Fahrerkabine fühlte man sich fast wie in einem Lkw. Der Intercooler war der Höhe- und Schlusspunkt des Trac-Konzepts bei Daimler. Insgesamt nur 190 Exemplare wurden von diesem Traktorungeheuer gebaut. Ab 1992 gab es nur noch den Unimog. Eine Zeitlang wurden allerdings einige Tracs bei anderen Herstellern in Lizenz gefertigt. Finanzprobleme und strengere Umweltvorgaben sorgten jedoch für ein Ende der Tracs.

Wussten Sie schon?

Technik und Komfort dieses Modells waren ihrer Zeit weit voraus. Deshalb wird der MB-trac auch heute noch eingesetzt.

TECHNISCHE DATEN

Bauzeit	1990–1991
Motor	Mercedes-Benz OM 366 LA (Turbo)
Getriebe	14V 14R
Leistung	180 PS
Hubraum	5958 ccm
Zylinder	6
Höchstgeschwindigkeit	40 km/h
Länge	4680 mm
Gewicht	6320 kg

280 Deutz-Fahr AgroXtra 4.17

Die 1990 von Klöckner-Humboldt-Deutz gestartete Baureihe AgroXtra beinhaltete Drei-, Vier- und Sechszylinder-Schlepper im Leistungsbereich von 60 bis 113 PS. Es soll ein schwedischer Deutz-Importeur gewesen sein, der als erster auf die Idee kam, diese Modelle mit abgeschrägten Motorhauben auszustatten. Der Grund dafür war die wachsende Bedeutung des Frontanbauraums, auf die der Fahrer eine bessere Sicht hatte, wenn die Motorhaube nach vorne hin niedriger wurde.

Dieser AgroXtra 4.17 besitzt bereits die schräge Motorhaube, die später auch andere Modelle bekamen.

TECHNISCHE DATEN

Bauzeit	1990–1997
Motor	Deutz F4L 913
Getriebe	16V 8R
Leistung	51 PS
Hubraum	4086 ccm
Zylinder	4
Höchstgeschwindigkeit	40 km/h
Länge	3800 mm
Gewicht	3405 kg

281 Lamborghini Runner 450

Der Name Lamborghini steht normalerweise für schnelle Autos. Aber der aus einem kleinen Dorf nördlich von Bologna stammende Ferruccio Lamborghini begann seine Karriere als Unternehmer eigentlich mit dem Traktorenbau für die Landwirtschaft. 1971 wurde die Lamborghini-Traktorensparte von Same übernommen, und seitdem werden die Schlepper in Treviglio hergestellt. 1993 wurde die Runner-Serie gestartet. Dabei handelt es sich um eine Baureihe von kleinen Schleppern.

Der Lamborghini Runner 450 ist zwar klein, hat aber immerhin 42 PS unter der Haube.

TECHNISCHE DATEN

Bauzeit	Ab 1993
Motor	Mitsubishi K4F-DT
Getriebe	12V 12R
Leistung	42 PS
Hubraum	1500 ccm
Zylinder	4
Höchstgeschwindigkeit	25 km/h
Länge	3030 mm
Gewicht	1140 kg

282

JCB Fastrac 150

Bis zu 80 Stundenkilometer war der JCB 150 schnell.

Der Fastrac 150 gehörte zu den ersten Modellen von JCB, mit denen ein neuer Maßstab in Hinsicht auf die Fahrgeschwindigkeit der Traktoren gesetzt wurde. Der Traktor machte seinem Namen alle Ehre, denn er erreichte eine Höchstgeschwindigkeit von 80 Stundenkilometern auf der Straße. Es gab auch Versionen mit einer Höchstgeschwindigkeit von 63,5 und 41 km/h. Der Motor wurde von Perkins geliefert. Ein starker Kraftheber gehörte zur Standardausstattung.

TECHNISCHE DATEN	
Bauzeit	1992–1999
Motor	Perkins 160T
Getriebe	18V 6R
Leistung	150 PS
Hubraum	6000 ccm
Zylinder	6
Höchstgeschwindigkeit	80 km/h
Länge	5502 mm
Gewicht	6200 kg

283

Fendt Favorit 824

Auch in Hinsicht auf die elektronische Ausstattung war der Favorit 824 ein Traktor der Oberklasse.

Das stärkste Modell der Favorit-800-Reihe war der Favorit 824, der ab 1993 hergestellt wurde. Zu den technischen Neuerungen, die in dem Modell verwirklicht wurden, gehörten das Fahrerinformationssystem und der Bordcomputer, mit dem sich die bearbeitete Fläche und andere Werte berechnen ließen. Ein Diagnosesystem überwachte den Motor, das Getriebe, die Hydraulik und andere Elemente des Traktors und gab im Fall einer Störung automatisch einen Störungscode aus.

TECHNISCHE DATEN	
Bauzeit	1993–2004
Motor	MAN D 0826 LE 523
Getriebe	44V 44R
Leistung	230 PS
Hubraum	6871 ccm
Zylinder	6
Höchstgeschwindigkeit	50 km/h
Länge	4940 mm
Gewicht	7800 kg

Fendt Favorit 926

284

Der wirkliche Durchbruch der stufenlosen Getriebe ereignete sich in den neunziger Jahren, und Fendt spielte dabei eine entscheidende Rolle. Das Fendt-Vario-Getriebe besitzt eine hydrostatische und eine mechanische Komponente. Beide spielen bei der Kraftübertragung eine Rolle, weswegen man von einem leistungsverzweigten Getriebe spricht. Das Vario-Getriebe wurde zuerst im Favorit 926 eingebaut. Der 260 PS starke Schlepper kam 1996 auf den Markt und wurde anfangs nur in begrenzter Stückzahl ausgeliefert, um das Leistungsverhalten des Getriebes genau überwachen zu können. Als offensichtlich wurde, dass das Vario-Getriebe ein voller Erfolg war, wurde es in weitere Modelle eingebaut.

▶ Wussten Sie schon?

Zur Ausstattung des Favorit 926 gehörten eine automatische Schwingungstilgung und eine Vorderachsfederung mit Niveauregulierung.

TECHNISCHE DATEN	
Bauzeit	1996–2000
Motor	MAN D 0826 LE 531
Getriebe	stufenlos
Leistung	260 PS
Hubraum	6870 ccm
Zylinder	6
Höchstgeschwindigkeit	50 km/h
Länge	4940 mm
Gewicht	8250 kg

Der Favorit 926 fiel nicht nur durch sein Vario-Getriebe auf, er war auch das Flaggschiff der Fendt-Traktoren.

285 Steyr 9145

Als CS 150 war der Steyr 9145 auch bei Case IH erhältlich.

Die Steyr Landmaschinentechnik GmbH in Sankt Valentin wurde 1996 von der Case Corporation übernommen. Das neue Unternehmen hieß Case Steyr Landmaschinentechnik GmbH. Ein Jahr zuvor war die Baureihe 9100, die aus Traktoren der oberen Mittelklasse bestand, gestartet worden. Nach der Übernahme wurden die Modelle der 9100er-Reihe auch als Case-IH-Modelle vertrieben. Der Steyr 9145 hieß mit roter Lackierung CS 150.

TECHNISCHE DATEN	
Bauzeit	1995–2003
Motor	Sisu Turbo
Getriebe	24V 24R
Leistung	145 PS
Hubraum	6600 ccm
Zylinder	6
Höchstgeschwindigkeit	30 km/h
Länge	4830 mm
Gewicht	5285 kg

286 Deutz-Fahr Agroplus 70

Der Agroplus gehörte zu den Mittelklassetraktoren und war mit verschiedenen Kabinen erhältlich.

Nach dem Umzug der Traktorproduktion von Köln nach Lauingen deckte Deutz-Fahr die Oberklasse und die obere Mittelklasse mit den Agrotron-Modellen ab. Für die Mittelklasse wurde 1996 die Agroplus-Reihe gestartet. Diese Traktoren basierten auf dem Dorado des italienischen Schwesterunternehmens Same. Der Agroplus 70 gehörte zu den ersten drei Modellen dieser Baureihe. Unter der Haube arbeitete ein Vierzylinder-Motor von Deutz. Die Fahrerkabine war in mehreren Varianten verfügbar. Dazu gehörten die DeLuxe-Kabine und eine Niedrigkabine.

TECHNISCHE DATEN	
Bauzeit	1996–2004
Motor	Deutz F4L 913
Getriebe	30V 15R
Leistung	70 PS
Hubraum	4086 ccm
Zylinder	4
Höchstgeschwindigkeit	40 km/h
Länge	3965 mm
Gewicht	1305 kg

John Deere 9400

John Deere führte 1996 mit der 9000er-Reihe die bisher stärkste Traktorenbaureihe ein. Mit seinen 425 PS Nennleistung war der 9400 das Flaggschiff der aus dem John-Deere-Werk in Waterloo kommenden Großschlepper. Bisher waren die Motoren für die Traktoren im obersten Leistungsbereich von Cummins geliefert worden. Ab der 9000er-Reihe ging John Deere dazu über, Motoren aus eigener Fertigung zu verwenden. In der Entwicklungsphase hatte man eine intensive Kommunikation mit Farmern und Lohnunternehmern aufrecht erhalten, um Daten über die Einsatzzwecke und Arbeitsgewohnheiten sowie Kritiken und Anregungen zu sammeln und die Erkenntnisse in die Konstruktion der Großschlepper mit einfließen lassen zu können.

TECHNISCHE DATEN

Bauzeit	1996–2002
Motor	John Deere PowerTech 6125
Getriebe	12V 3R
Leistung	425 PS
Hubraum	12549 ccm
Zylinder	6
Höchstgeschwindigkeit	30 km/h
Länge	6960 mm
Gewicht	17070 kg

▶ Wussten Sie schon?
Der John Deere 9400 war der unangefochtene Platzhirsch unter den Schleppern aus Waterloo.

Der John Deere 9400 wurde von einem Sechszylinder-Motor mit einem Hubraum von 12,5 Litern angetrieben.

Der 7810 ist stark genug, um mit Gerätekombinationen arbeiten zu können.

288 John Deere 7810

Die Baureihe 7010 steht für Traktoren der leistungsstarken Mittelklasse. Gebaut wurden die Modelle von 1997 bis 2003 in Waterloo, im amerikanischen Bundesstaat Iowa. Mit seinen 170 PS, und ab 2001 175 PS, war der 7810 das größte Modell der Baureihe. Der Sechszylinder-John-Deere-Motor mit einem Hubraum von 8,1 Litern war mit einem Turbolader ausgestattet. Beim Kauf des Schleppers konnte unter vier Getrieben gewählt werden. Dazu gehörte das PowrQuad-Getriebe, bei dem es sich um ein Wendegetriebe mit 20 Gängen in jede Fahrtrichtung handelte. Davon lagen zwölf Gänge im Arbeitsbereich. Die Fahrtrichtung konnte leicht durch das Betätigen des Reversierhebels am Steuerrad geändert werden. Noch komfortabler für den Fahrer war das AutoQuad-II-Getriebe, bei dem die Getriebeautomatik den optimalen Gang abhängig von der Drehzahl und der Auslastung des Motors selbstständig fand. Für Gemüsebauern waren Getriebe mit zusätzlichen Kriechgängen verfügbar. Zur Wunschausstattung gehörte auch das stufenlose Getriebe. Anfangs lag die Höchstgeschwindigkeit bei 42 km/h. 2001 wurde sie auf 50 km/h erhöht.

TECHNISCHE DATEN

Bauzeit	1997–2003
Motor	John Deere PowerTech 6081T
Getriebe	20V 20R
Leistung	175 PS
Hubraum	8134 ccm
Zylinder	6
Höchstgeschwindigkeit	50 km/h
Länge	4760 mm
Gewicht	6900 kg

Fendt 716 Vario

Der 716 Vario war der leistungsstärkste der 700er-Reihe von Fendt. Bei dieser Baureihe fand ein neu entwickelter Gusshalbrahmen als zentrales tragendes Element Verwendung.

TECHNISCHE DATEN

Bauzeit	1998–2003
Motor	Deutz BF6M 2013 C
Getriebe	stufenlos
Leistung	160 PS
Hubraum	5703 ccm
Zylinder	6
Höchstgeschwindigkeit	50 km/h
Länge	4640 mm
Gewicht	5800 kg

Auch ein speziell an diese Reihe angepasstes stufenloses Vario-Getriebe wurde eingesetzt. Als Antrieb lieferte Deutz einen neuen Motor mit Vierventiltechnik, der zwei Einlass- und Auslassventile pro Zylinder hatte, was einen schnelleren Gaswechsel bei hohen Drehzahlen und dadurch eine Leistungssteigerung ermöglichte. Die Motoren waren zudem mit Sechsloch-Einspritzdüsen ausgestattet, wodurch eine feine Verteilung des Kraftstoffs und eine gute Gemischbildung möglich war.

▶ Wussten Sie schon?

Mit der 700-Reihe wurde zum ersten Mal ein zu diesem Zweck entwickelter Motor mit Vier-Ventil-Technik eingesetzt.

Der Fendt 716 glänzte durch seine neue Technik und das Vario-Getriebe.

290 Massey Ferguson MF 8180

Massey Ferguson hat eine lange und wechselvolle Geschichte. Das auf allen Kontinenten tätige und einst schnell wachsende Unternehmen geriet in den siebziger Jahren in wirtschaftliche Probleme und musste sich von Anteilen lösen. 1994 wurde es von dem Landtechnikkonzern AGCO übernommen. Seitdem existiert Massey Ferguson als Markenname für Traktoren, Mähdrescher, Ballenpressen und andere Landmaschinen aus dem Hause AGCO. Der MF 8180 wurde Ende der neunziger Jahre für den europäischen Markt gebaut. Er gehörte zur 8100-Reihe, die 1995 gestartet und kurz darauf preisgekrönt worden war. Die 8100er-Modelle bildeten die Oberklasse der Massey-Ferguson-Schlepper. Die Produktion fand im französischen Beauvais statt. Mit seinen 260 PS erweiterte der MF 8180 die Baureihe leistungsmäßig nach oben.

▶ Wussten Sie schon?

Der Allradantrieb und die großen Räder verbessern die Traktion und helfen, die Motorleistung auf den Boden zu bringen.

TECHNISCHE DATEN	
Bauzeit	1998–1999
Motor	Valmet 645TCC
Getriebe	18V 8R
Leistung	260 PS
Hubraum	8419 ccm
Zylinder	6
Höchstgeschwindigkeit	40 km/h
Länge	5250 mm
Gewicht	9750 kg

Der MF 8180 gehörte Ende der neunziger Jahre zum obersten Leistungsbereich der Massey-Ferguson-Traktoren.

291

Fendt Favorit 515 C

Der Favorit 515 C war mit seiner Motorleistung von 150 PS das stärkste Modell der Favorit-500-Serie. In der Standardausführung besaß das Getriebe des Fendt-Schleppers 24 Gänge in beide Fahrtrichtungen. Auf Wunsch war eine Version mit 20 zusätzlichen Kriechgängen erhältlich. Zur Wunschausstattung gehörte auch die Anti-Schlupf-Regelung, die das Durchdrehen der Räder bei schweren Arbeiten verringern half. Der Favorit 515 C wurde bis 1999 hergestellt. Mit seinen 3.243 verkauften Exemplaren war er eines der erfolgreichsten Modelle der Baureihe.

Der Favorit 515 C war eines der erfolgreichsten Modelle der Baureihe.

TECHNISCHE DATEN

Bauzeit	1995–1999
Motor	MWM TD 225.B-6
Getriebe	24V 24R
Leistung	150 PS
Hubraum	6234 ccm
Zylinder	3
Höchstgeschwindigkeit	50 km/h
Länge	4480 mm
Gewicht	5540 kg

292

John Deere 8210T

Der 8210T gehörte zur 8010er-Reihe, die von John Deere von 1999 bis 2002 in Waterloo hergestellt wurde. Alle Modelle der Baureihe waren in einer Vierradausführung und einer Version mit Bandlaufwerk erhältlich.

Alle Modelle der 8010er-Reihe waren mit dem bodenschonenden Bandlaufwerk erhältlich.

Der 8210T war das drittstärkste Modell der Reihe. Außerhalb der großflächigen Landwirtschaft fand der Schlepper auch Einsatzgebiete in der Forstwirtschaft sowie im Tiefbau. Der Sechszylinder-Motor stammte von John Deere.

TECHNISCHE DATEN

Bauzeit	1999–2000
Motor	John Deere PowerTech 6081
Getriebe	16V 5R
Leistung	215 PS
Hubraum	8148 ccm
Zylinder	6
Höchstgeschwindigkeit	40 km/h
Länge	5250 mm
Gewicht	10727 kg

Hightech im Traktor

Die Schlepper des 21. Jahrhunderts

Durch die Entwicklung des serienmäßig produzierbaren Mikroprozessors fanden Computer in allen möglichen Bereichen Anwendung. Auch in Bereichen, von denen man vorher nie gedacht hätte, dass Computer hier jemals von Bedeutung sein könnten. In den großen Traktoren tauchten einfache Computer bereits in den 1980er-Jahren auf, nämlich als Teil der Fahrerinformationssysteme, die Daten über den Betriebszustand des Fahrzeugs lieferten und Berechnungen anstellen konnten. Aber genauso schnell, wie die Entwicklung der Computer Fortschritte machte und sich ihre Verwendungsmöglichkeiten vermehrten, breitete sich auch ihre Anwendung in den Traktoren aus. Dazu gehört das Sammeln von Daten. Vorangetrieben wurde dieses Einsatzfeld unter anderem durch die Flut gesetzlicher Vorschriften und betriebswirtschaftlicher Anforderungen, die das Aufzeichnen von Daten im Zusammenhang mit Traktoreinsätzen unerlässlich machten. Die großen Schlepperhersteller bieten zu diesem Zweck Datenerfassungssysteme an. Dazu gehören beispielsweise das „MoDaSys" von Fendt und das „Field Doc" von John Deere. Diese Systeme ermöglichen unter anderem das Abspeichern von Daten im CSV- oder XML-Format und das Übertragen der Dateien per Bluetooth oder GSM auf den Hofcomputer, wo sie dann für die Buchhaltung, Aufwandsprotokollierung, Dokumentation oder Rechnungslegung weiterverwendet werden.

Die jüngsten Bord-Computer können aber noch bedeutend mehr als Daten sammeln. Mittels des „Global Positioning Systems" (GPS) ist es ihnen sogar möglich, das Steuer zu übernehmen und den Fahrer dadurch zu entlasten oder ihn schließlich ganz überflüssig zu machen. Die häufigste Verwendung von GPS ist die Unterstützung des Fahrers durch Fahrhilfen und das Steuern durch automatische Lenksysteme. Bei Verwendung der Lenksysteme kann sich der Fahrer während der Arbeit in seinem Sitz zurücklehnen und dem Elektronikgehirn die Arbeit überlassen. Die Lenksysteme ermöglichen ein exaktes Fahren, wie es einem Menschen auf die Dauer nicht möglich wäre. Nur beim Wenden am Feldrand muss der Fahrer noch eingreifen.

Das StarFire-System wurde von John Deere entwickelt, um ein Steuern der Traktoren mittels GPS zu ermöglichen.

Noch einen Schritt weiter gehen Systeme, die den Menschen gänzlich überflüssig machen. 2011 stellte Fendt das GuideConnect vor, bei dem ein fahrer-

Moderne Traktoren sind oft hochtechnisierte Kraftbündel, wie dieses Modell von Massey Ferguson. Der Bordcomputer ist ein wichtiger Bestandteil.

loser Traktor einem vorausfahrenden Fahrzeug vollautomatisch folgt. Die beiden Schlepper werden via GPS gelenkt und kommunizieren per Funk.

Die Schlepper des 21. Jahrhunderts wurden jedoch nicht nur „intelligenter“, sie setzten ihren Weg in immer höhere Leistungsklassen fort. Dabei sehen sich die Hersteller jedoch neuen Herausforderungen gegenüber. Die hohe Motorleistung muss in eine entsprechende Zugleistung umgewandelt werden, ohne den Boden durch ein hohes Fahrzeuggewicht zu sehr zu belasten. Weitere Herausforderungen bringen die immer strenger werdenden Abgasnormen sowie die steigenden Kraftstoffpreise mit sich. Dies bedeutet, dass die Motoren nicht nur höhere PS-Zahlen vorweisen, sondern zugleich auch sparsamer werden und geringere Abgasmengen ausstoßen sollen. Letzteres wird bei den neuen Motoren zumeist durch eine Abgasnachbehandlung erreicht.

Traktoren sind schon heute hochtechnologisierte Gefährte. Hightech wird in Zukunft aber sicher eine noch größere Rolle im Traktor spielen.

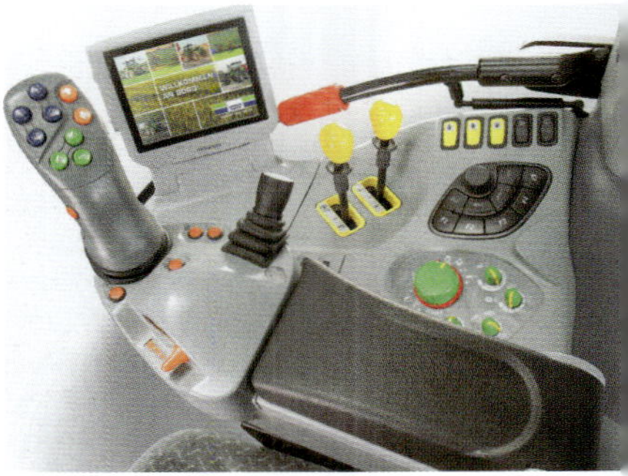

Ein Großteil der Schaltelemente ist bei den meisten neueren Traktoren an der rechten Armlehne des Fahrersitzes und auf einer Bedienkonsole angeordnet.

293 Versatile 2425

In Europa ist Versatile weniger bekannt. In Nordamerika steht der Name dagegen für Traktoren der obersten Leistungsklasse. Seit den sechziger Jahren stellte das Unternehmen Versatile in Winnipeg, der Hauptstadt der kanadischen Provinz Manitoba, Großtraktoren her. Ursprünglich wurde Versatile durch seine großen Knicklenker berühmt. Heute werden unter dem Markennamen jedoch auch Schlepper mit gewöhnlicher Achsschenkellenkung hergestellt. In den achtziger Jahren wurde das Unternehmen von Ford New Holland übernommen. Ein weiterer Besitzerwechsel fand 2000 statt, als New Holland das Versatile-Werk an das kanadische Landtechnikunternehmen Bühler abtreten musste. Bühler wurde wiederum 2007 zu 80 Prozent von Rostselmash übernommen. Der Versatile 2425 wurde von 2000 bis 2007 in Winnipeg hergestellt. Der Motor stammte von Cummins.

▶ Wussten Sie schon?
Nach der Übernahme von Bühler durch Rostselmash begann auch in Russland die Produktion von Versatile-Traktoren.

TECHNISCHE DATEN	
Bauzeit	2000–2008
Motor	Cummins N14
Getriebe	12V 4R
Leistung	425 PS
Hubraum	14000 ccm
Zylinder	6
Höchstgeschwindigkeit	35 km/h
Länge	6750 mm
Gewicht	19000 kg

Aus der kanadischen Provinz Manitoba stammt der große Knicklenker Versatile 2425.

Deutz-Fahr Agrotron TTV 1145

294

Durch die mechanische Komponente beim TTV-Getriebe kommt es auch bei hohen Anforderungen zu keinem Leistungsverlust.

Konstrukteure von Traktoren sind seit jeher bestrebt, ihre Modelle mit einer möglichst feinen Gangabstufung auszustatten, um es zu ermöglichen, für die jeweilige Arbeit die optimale Geschwindigkeit und Drehzahl zu finden. Deshalb besitzen moderne Getriebe oft eine sehr hohe Gangzahl. Mehrere Hersteller begannen in den neunziger Jahren mit der Entwicklung von stufenlosen Getrieben, bei denen der Fahrer nur noch beschleunigen und abbremsen musste und der Rest der Automatik überlassen wurde. Deutz-Fahr entwickelte ein solches Getriebe, das TTV genannt wurde, und brachte es 2001 mit den Agrotron-TTV-Traktoren zum Einsatz.

Eines der Modelle, die im August 2001 an der Start gingen, war der Agrotron TTV 1145. Die Zielgruppe für den 145 PS starken Schlepper waren vor allem große Betriebe und Lohnunternehmer. Das stufenlose Getriebe erweist sich nicht nur darin als vorteilhaft, dass das Schalten überflüssig wird, es erleichtert auch die Bedienbarkeit des Traktors und verkürzt die Zeit, die ein neuer Fahrer braucht, um sich mit dem Schlepper vertraut zu machen.

TECHNISCHE DATEN	
Bauzeit	2001–2007
Motor	Deutz BF 6 M 1013 EC
Getriebe	stufenlos
Leistung	143 PS
Hubraum	7146 ccm
Zylinder	6
Höchstgeschwindigkeit	50 km/h
Länge	4730 mm
Gewicht	6525 kg

295 Massey Ferguson MF 4345

Nach den schwierigen achtziger Jahren und dem nur knapp abgewendeten Konkurs wurde Massey Ferguson, der einst größte Traktorhersteller, 1994 von AGCO übernommen. Die roten Massey-Ferguson-Traktoren gewinnen seitdem als AGCO-Marke weltweit wieder eine stärkere Präsenz. Der MF 4345 war das stärkste Modell einer Reihe von Drei- und Vierzylinder-Traktoren, die 2001 auf den Markt kam. Der MF 4345 war zugleich auch der letzte Schlepper, der aus dem Massey-Ferguson-Werk im englischen Coventry rollte. 3.307.996 Traktoren waren in diesem Werk hergestellt worden. Der 85-PS-Traktor war sowohl mit Hinterrad- als auch mit Allradantrieb verfügbar. Er befand sich bis 2003 im Programm.

TECHNISCHE DATEN	
Bauzeit	2001–2003
Motor	Perkins 1004.40T
Getriebe	12V 12R
Leistung	85 PS
Hubraum	4000 ccm
Zylinder	4
Höchstgeschwindigkeit	38 km/h
Länge	4140 mm
Gewicht	3730 kg

Von Coventry aus wurde der MF 4345 in alle Welt exportiert.

Lindner Geotrac 93

Nachdem bei der österreichischen Traktorenschmiede der legendäre Bauernfreund eingestellt worden war, wurde die neue Bezeichnung für die Standardtraktoren im Angebot internationaler, sicher auch, um im Ausland besser zu punkten. Die neue Linie hieß Geotrac. Seit 2002 bietet Lindner den sehr erfolgreichen Geotrac 93 an. Seine niedrige und stabile Bauweise prädestiniert ihn für hügeliges Gelände. Die Power von 91 PS zieht er aus einem Vierzylinder-Motor von Perkins mit 4,4 Litern Hubraum und Common Rail. Das lastschaltbare Wendegetriebe weist in jede der beiden Fahrtrichtungen 16 Gänge auf. Weitere wichtige Ausstattungsmerkmale sind etwa hydrostatische Lenkung, Load Sensing, Komfortkabine und 50 Grad Lenkeinschlag.

▶ Wussten Sie schon?

Seine Konstruktion macht ihn für die hügeligen Landschaften Österreichs und der Alpenanrainerstaaten sehr interessant.

TECHNISCHE DATEN

Bauzeit	2002–2009
Motor	Perkins 1104C - 44 Turbo
Getriebe	16V 16R
Leistung	91 PS
Hubraum	4399 ccm
Zylinder	4
Höchstgeschwindigkeit	40 km/h
Länge	3820 mm
Gewicht	3380 kg

93 PS leistet dieser kompakte Traktor mit einem modernen Turbodiesel mit Common-Rail-Direkteinspritzung. Damit liegt der Geotrac 93 in der Mitte des Leistungsspektrums der Geotrac-Reihe.

Für Einsätze bei schlechten Sichtverhältnissen ist der Agrotron TTV 1160 mit Arbeitsscheinwerfern ausgerüstet.

297 Deutz-Fahr Agrotron TTV 1160

Das stärkste der drei Agrotron-TTV-Modelle, die 2001 von Deutz-Fahr auf den Markt gebracht wurden, war der Agrotron TTV 1160. Der Sechszylinder-Motor von Deutz erbrachte bei diesem Modell eine Nennleistung von 154 PS. Das Konzept der leichten Bedienbarkeit wurde beim Agrotron TTV 1160 nicht nur in Hinsicht auf das stufenlose Getriebe, sondern auch auf die Bedienelemente in der Kabine umgesetzt. In der rechten Armlehne der Fahrersitzes waren mehrere Bedieneinheiten untergebracht, darunter die elektronische Motorregelung, das Handgas und der PowerCom-V-Fahrhebel. Die intuitive Anordnung der Elemente ermöglichte eine kurze Eingewöhnungszeit, was vor allem für Lohnunternehmer, bei denen öfters ein Fahrerwechsel stattfindet, wichtig ist.

Wussten Sie schon?
Das TTV-Getriebe zeigt unter anderem seine Vorteile beim häufigen Fahrerwechsel, etwa bei Lohnunternehmen.

Die Rundumverglasung der Kabine ermöglichte eine fast ungehinderte Sicht auf die Anbaugeräte. Die Kabine war außerdem auf Gummiblöcken gelagert, um den Fahrer vor Lärm und Vibrationen zu schützen.

TECHNISCHE DATEN

Bauzeit	2001–2007
Motor	Deutz BF 6 M 1013 EC
Getriebe	stufenlos
Leistung	154 PS
Hubraum	7146 ccm
Zylinder	6
Höchstgeschwindigkeit	50 km/h
Länge	4730 mm
Gewicht	6525 kg

298

John Deere 8220

Die 8020er-Reihe wurde Ende 2001 der Öffentlichkeit vorgestellt. Im folgenden Jahr gingen die Großtraktoren in Waterloo in Serienproduktion. Angetrieben wurden sie von einem Sechszylinder-Motor von John Deere mit einem Hubraum von 8,1 Litern. Optional konnten die Modelle mit der Einzelradfederung an der Vorderachse ILS (Independent Links Suspension) ausgestattet werden. Damit konnten Unebenheiten im Gelände leichter ausgeglichen und die Kraftübertragung der Räder auf den Boden erhöht werden. Auch auf der Straße leistete die ILS bei hohen Geschwindigkeiten einen Beitrag zur ruhigen und sicheren Fahrt. Die Höchstgeschwindigkeit lag bei 42 km/h.

TECHNISCHE DATEN	
Bauzeit	2002–2005
Motor	John Deere PowerTech 6081H
Getriebe	16V 5R225
Leistung	225 PS
Hubraum	8100 ccm
Zylinder	6
Höchstgeschwindigkeit	42 km/h
Länge	5850 mm
Gewicht	9000 kg

Mit seinen 225 PS kann der John Deere 8220 auch schwere Fässer ziehen.

299

Fendt Farmer 209 V

Der Farmer 209 V ist ein Premium-Produkt von Fendt, das den Winzer durch seine Stärke beeindruckt.

Der stärkste im aktuellen Weinbergschlepper-Programm ist 2009 der Farmer 209 V, der mit einem Vierzylindermotor von Deutz ausgestattet wurde. Dieser kleine Allradschlepper ist auf technisch höchstem Niveau ausgestattet. Dazu gehören die innovative niveaugeregelte Vorderachsfederung und die Fendt-Stabilitätskontrolle (FSC), die für optimale Traktion, bessere Bremsleistung und ein stabileres Spurhalten sorgen. Dank des möglichen Lenkeinschlags von 58 Grad ist dieser Schlepper unglaublich wendig. Trotz seiner kompakten Form leistet der Schlepper satte 95 PS.

TECHNISCHE DATEN

Bauzeit	Ab 2003
Motor	Deutz Turbo-Diesel
Getriebe	21V 6R
Leistung	95 PS
Hubraum	4314 ccm
Zylinder	4
Höchstgeschwindigkeit	40 km/h
Länge	3550 mm
Gewicht	2400 kg

300

John Deere 4610

Mit dem John Deere 4610 lassen sich größere Rasenflächen pflegen.

Als größter Traktorhersteller der Welt deckt John Deere das gesamte Leistungsspektrum vom Großschlepper bis zum Garten- und Rasenpflegegeschäft ab. Die kleinen Traktoren für die Rasen- und Landschaftspflege stammten jedoch nicht aus den John-Deere-Werken, sondern wurden von Yanmar geliefert. Dies änderte sich 1991, als in Augusta, im amerikanischen Bundesstaat Georgia, ein Werk für die Kleintraktoren eröffnet wurde. Der John Deere 4610 wurde ab 2002 in Augusta gebaut. Der Motor stammte jedoch nach wie vor von Yanmar.

TECHNISCHE DATEN

Bauzeit	2003–2004
Motor	Yanmar 4TNE84
Getriebe	9V 3R
Leistung	33,5 PS
Hubraum	2000 ccm
Zylinder	4
Höchstgeschwindigkeit	25,3 km/h
Länge	3420 mm
Gewicht	1564 kg

John Deere 6320

Die 6020-Reihe von John Deere wurde 2002 in Mannheim gestartet. Angetrieben wurde der 6320 von einem Vierzylinder-PowerTech-Dieselmotor von John Deere. Dank der Vierventil- und der Common-Rail-Technik war der Motor sparsam und erfüllte die aktuellen Abgasstandards. Die 6020er-Reihe entwickelte sich, wie schon die Vorgängerreihen 6000 und 6010, zum Verkaufsschlager. Mit seinen 100 PS zählte der John Deere 6320 zur leistungsstarken Mittelklasse. Neben der Standardausführung gab es ihn auch in einer kostengünstigeren Version mit der Bezeichnung 6320 SE. In der SE-Ausführung war das Getriebe nur mit 16 Gängen in beide Fahrrichtungen ausgestattet.

2004 wurden alle Mitglieder der 6020-Reihe einer technischen Auffrischung unterzogen. Zu den Neuerungen gehörten Getriebeversionen, die es ermöglichten, Transportarbeiten auf der Straße mit deutlich reduzierter Motordrehzahl durchzuführen. Dadurch waren erhebliche Kraftstoffeinsparungen möglich; außerdem sank der Lärmpegel um zwei dB(A).

▶ Wussten Sie schon?

Durch die leichte Änderung der Fahrrichtung und den kleinen Wendekreis eignet sich der John Deere 6320 auch hervorragend für Ladearbeiten.

TECHNISCHE DATEN

Bauzeit	2002–2006
Motor	John Deere PowerTech
Getriebe	24V 24R
Leistung	100 PS
Hubraum	4530 ccm
Zylinder	4
Höchstgeschwindigkeit	50 km/h
Länge	4289 mm
Gewicht	4540 kg

Der John Deere 6320 bietet mit seinen großen Vorderrädern einen imposanten Anblick.

302 Deutz-Fahr Agrotron 128

Agrotron werden bei Deutz-Fahr die Modelle im mittleren und oberen Leistungsbereich genannt. Die ersten Agrotron wurden bereits vorgestellt, als die Produktion in Köln bei Klöckner-Humboldt-Deutz begann. Nach der Übernahme durch Same und einem Brand in dem Kölner Werk an Weihnachten 1995 wurde die Traktorherstellung nach Lauingen verlagert. Angetrieben wurden die Agrotron nach wie vor von Deutz-Motoren aus Köln. Der Sechszylinder-Motor des Agrotron 128 leistete 140 PS. Dank der optimierten Einspritz- und Brennverfahren der ladeluftgekühlten Motoren konnte der Verbrauch gegenüber den Vorgängermodellen weiter gesenkt werden.

▶ Wussten Sie schon?
Bei der Entwicklung des Agrotron 128 wurden Kunden- und Händlerbefragungen ausgewertet, um deren Wünsche zu berücksichtigen.

Der Agrotron 128 gehörte zu den Erfolgsmodellen aus Lauingen.

TECHNISCHE DATEN

Bauzeit	2003–2006
Motor	Deutz BF6M 2012 C
Getriebe	24V 24R
Leistung	140 PS
Hubraum	6057 ccm
Zylinder	6
Höchstgeschwindigkeit	50 km/h
Länge	4587 mm
Gewicht	5460 kg

2005 gehörte der Agrotron 128 zu den meistverkauften Traktoren in Deutschland.

John Deere 9520

303

Der Ackergigant 9520 von John Deere wurde von 2002 bis 2007 in Waterloo hergestellt. Viele Funktionen des Schleppers können vom Fahrer mit aufgelegtem Arm vom CommandARM, der sich rechts neben dem Fahrersitz befindet, bedient werden. Dazu gehört auch das Einlegen der Gänge. Dies kann sogar mit dem Daumen geschehen. Der jeweils aktive Gang wird auf dem Display angezeigt. Die leichte Bedienung ermöglicht eine kurze Einarbeitungszeit.

Der John Deere 9520 ist ein Kraftprotz, der sich leicht steuern und bedienen lässt.

TECHNISCHE DATEN

Bauzeit	2002–2007
Motor	John Deere PowerTech 6125H
Getriebe	18V 6R
Leistung	450 PS
Hubraum	12500 ccm
Zylinder	6
Höchstgeschwindigkeit	40 km/h
Länge	7600 mm
Gewicht	16370 kg

John Deere 5820

304

Bei der 5020er-Reihe handelt es sich um Traktoren im Leistungsbereich von 72 bis 88 PS in kompakter Bauform. Die Reihe wurde der breiten Öffentlichkeit zum ersten Mal 2003 auf der Landtechnikausstellung SIMA in Paris vorgestellt. Der 5820 ist das stärkste Modell der Baureihe. Wie die anderen Modelle ist er mit einem Vierzylinder-Motor von John Deere ausgestattet. Er eignet sich vor allem als Grünlandtraktor und als Hofschlepper. Als Getriebe stehen ein 16-Gang- und ein 32-Gang-Wendegetriebe zur Auswahl. Die 5020er-Reihe wird in Mannheim hergestellt.

Eine kompakte Bauweise und eine hohe Motorleistung vereinigen sich beim John Deere 5820.

TECHNISCHE DATEN

Bauzeit	Ab 2003
Motor	John Deere PowerTech
Getriebe	16V 16R
Leistung	88 PS
Hubraum	4530 ccm
Zylinder	4
Höchstgeschwindigkeit	40 km/h
Länge	3950 mm
Gewicht	3700 kg

Fendt Farmer 309 Ci

Fendt reagierte mit der 300Ci-Reihe auf die begeisterten Reaktionen der Kunden über das Design der Vario-Modelle und passte das der 300er-Farmer daran an, ohne die Vario-Technik zu integrieren. Der Vierzylinder-Deutz-Motor mit Turbolader und Ladekühlung arbeitete sehr leise und zuverlässig. Die Motoren verfügen mit 45% Drehmomentanstieg über eine hervorragende Durchzugskraft. Auch RME konnte bedenkenlos getankt werden. Der Farmer 309 Ci war nur mit Allradantrieb im Programm. Viele technische Finessen der großen Vario-Baureihen fehlen bei diesen Traktoren, doch als Einsteiger- oder Zweitschlepper tat man einen hervorragenden Griff. Dieses Modell war um 2005 der meistverkaufte Traktortyp in Deutschland.

▶ **Wussten Sie schon?**
Das i steht für Deutz-Triebwerke mit Überleistungscharakteristik und modernster Pumpe-Leitung-Düse-Technologie (PLD).

TECHNISCHE DATEN

Bauzeit	2003–2007
Motor	Turbo-Diesel mit Ladeluftkühlung
Getriebe	21V 6R
Leistung	112 PS
Hubraum	4038 ccm
Zylinder	4
Höchstgeschwindigkeit	40 km/h
Länge	4000 mm
Gewicht	3850 kg

Neben dem Farmer 309 Ci gab es noch kleinere Versionen mit 92 und 98 PS. Der 309 Ci hatte 112 PS.

Deutz-Fahr Agrotron 215

306

Mit dem Agrotron 215 und Mähwerken am Front- und Heckanbauraum lässt sich innerhalb einer kurzen Zeit eine große Fläche mähen.

Auf der Landtechnikmesse SIMA in Paris stellte Deutz-Fahr 2003 eine neue Baureihe von großen Agrotron-Schleppern vor. In Hinsicht auf die technische Ausstattung standen die Motorleistung, die von Sechszylinder-Deutz-Motoren erbracht wurde, und das Wendegetriebe im Mittelpunkt des Interesses. 40 Gänge standen in beiden Fahrtrichtungen zur Verfügung. Damit konnte für alle Arbeiten der optimale Gang gefunden werden. Auch die Kabine hatte einen weiteren Schritt vorwärts in der Entwicklung unternommen. Sie bot einen Fahrkomfort, wie er sonst nur bei modernen Lkw zu finden war. Die Schallisolierung sorgte dafür, dass die Geräuschbelastung des Fahrers niedrig gehalten wurde.

TECHNISCHE DATEN	
Bauzeit	2003–2007
Motor	Deutz BF 6 M 1013 FC
Getriebe	40V 40R
Leistung	200 PS
Hubraum	7146 ccm
Zylinder	6
Höchstgeschwindigkeit	50 km/h
Länge	5002 mm
Gewicht	8410 kg

307

Steyr Profi 6115

Der Profi 6115 ist ein leistungsstarker Traktor der Mittelklasse.

Bei der Steyr Profi-Reihe, die seit 2003 im österreichischen Sankt Valentin hergestellt wird, handelt es sich um Universaltraktoren der Mittelklasse.

TECHNISCHE DATEN

Bauzeit	2003–2007
Motor	CNH Turbo-Motor
Getriebe	24V 24R
Leistung	116 PS
Hubraum	6728 ccm
Zylinder	6
Höchstgeschwindigkeit	40 km/h
Länge	4523 mm
Gewicht	5350 kg

Die erste Ziffer in der Typenbezeichnung steht für die Anzahl der Zylinder. Der Rest der Nummer gibt die ungefähre Motorleistung wieder. Die meisten Steyr-Traktoren werden mit einer etwas anderen Ausstattung und Motorhaube auch als Case-IH-Modelle vertrieben. Das Äquivalent des Steyr 6115 Profi bei Case IH ist der MXU115 Maxxum. Der 6115 Profi gehörte zur ersten Generation der Profi-Reihe, die bis 2007 hergestellt wurde. Beim Getriebe hat der Käufer die Wahl zwischen Ausführungen mit 24, 48, 32 und 16 Gängen in beide Fahrtrichtungen.

Claas Xerion 3300

Das Unternehmen Claas aus Harsewinkel ist Europas größter Mähdrescherhersteller und ist bereits seit 1914 auch auf anderen Gebieten der Landtechnik erfolgreich tätig. Ein Abstecher in die Traktorfertigung erfolgte zwar Ende der siebziger Jahre, aber der Einstieg im großen Stil begann erst 1997 mit dem Stapellauf des Xerion, bei dem es sich um einen leistungsstarken Systemschlepper mit vier gleichgroßen Rädern und einer Allradlenkung handelte. Die ersten Modelle waren mit einem 250 und einem 300 PS starken Motor ausgerüstet. 2004 kam der Xerion 3300 mit einer Nennleistung von 305 PS und einer Maximalleistung von 335 PS auf den Markt. Die Xerion-Schlepper werden in drei Ausführungen angeboten: als Trac-Ausführung, bei der die Kabine eine mittige Position einnimmt, als VC-Version mit einer drehbaren Kabine, und als Saddle Trac, bei dem sich die Kabine oberhalb der Vorderachse befindet und der Raum dahinter als Aufsattlungsmöglichkeit für Auflieger dient.

▶ Wussten Sie schon?

Anders als die meisten anderen Claas-Traktoren wird der Xerion nicht in Le Mans, sondern in Harsewinkel gebaut.

TECHNISCHE DATEN

Bauzeit	Ab 2004
Motor	Caterpillar Turbo
Getriebe	stufenlos
Leistung	305 PS
Hubraum	8804 ccm
Zylinder	6
Höchstgeschwindigkeit	50 km/h
Länge	6630 mm
Gewicht	10200 kg

Mit dem Xerion ist Claas ein erfolgreicher Einstieg in die Traktorbranche gelungen.

309 Case IH CS 68

Der Allradantrieb verleiht dem Case IH CS 68 in den Bergen nicht nur eine hervorragende Traktion, sondern auch eine gute Standfestigkeit.

Der CS 68 war eines der ersten Modelle der CS-Reihe, die Case IH 1994 in das Produktprogramm aufnahm. Das Modell war baugleich mit dem Steyr M 968 und wurde ebenfalls im österreichischen Sankt Valentin hergestellt. Anfangs waren die Schlepper mit einem Motor von MWM ausgestattet. 1998 bekamen sie als Antrieb Dieselaggregate des finnischen Herstellers Sisu. Die Leistung blieb jedoch gleich. Neben der Ausführung mit Hinterradantrieb war der CS 68 auch in einer Allradversion erhältlich.

TECHNISCHE DATEN	
Bauzeit	1994–2004
Motor	MWM 301.89 ab 1998: Sisu 320.80
Getriebe	16V 8R
Leistung	68 PS
Hubraum	3117 ccm, ab 1998: 3298 ccm
Zylinder	3
Höchstgeschwindigkeit	30/40 km/h
Länge	3700 mm, Allrad 3825 mm
Gewicht	2820 kg, Allrad 3250 kg

310 Lamborghini R7.200

Der R7.200 ist ein Lamborghini-Traktor mit einem modernen, schnittigen Design.

Lamborghini-Traktoren sind durch ihr gestyltes Äußeres und ihre kraftvollen Motoren bekannt. Beim R7.200 ist es ein Sechszylinder-Motor mit 7,1 Litern Hubraum von Deutz, der unter der Motorhaube für die Leistung sorgt. In der Grundausstattung hat das Getriebe 18 Gänge in beide Fahrtrichtungen. Auf Wunsch ist auch eine Version mit 27 Vorwärts- und 27 Rückwärtsgängen verfügbar. Lamborghini-Traktoren werden seit der Übernahme durch Same im italienischen Treviglio hergestellt. Der Nachfolger des R7.200 ist der R7 210.

TECHNISCHE DATEN	
Bauzeit	2003–2008
Motor	Deutz 1013
Getriebe	18V 18R
Leistung	214 PS
Hubraum	7146 ccm
Zylinder	6
Höchstgeschwindigkeit	40 km/h
Länge	4800 mm
Gewicht	7520 kg

311

Claas Ares 696

Nach der Übernahme von Renault Agriculture weitete das Landtechnikunternehmen Claas aus Harsewinkel sein Engagement in der Traktorenbranche aus. Die Baureihe Ares wurde von Claas 2003 eingeführt. Sie bestand ursprünglich aus den Modellen der 500er-, 600er- und 800er-Reihen. Der Leistungsbereich erstreckte sich von etwa 90 bis 205 PS. Der Ares 696 lag mit seiner Nennleistung von 140 PS im mittleren Bereich. Als Höchstleistung wurden 146 PS angegeben. Das Wendegetriebe bot in beide Fahrtrichtungen 32 Gänge.

Der Ares 696 stammt aus dem ehemaligen Renault-Werk in Le Mans.

TECHNISCHE DATEN	
Bauzeit	2003–2005
Motor	DPS 6068 TRT
Getriebe	32V 32R
Leistung	140 PS
Hubraum	6788 ccm
Zylinder	6
Höchstgeschwindigkeit	40 km/h
Länge	4730 mm
Gewicht	6690 kg

312

Claas Arion 550

2007 führte Claas die Arion-Reihe ein. Mit diesen Mittelklasseschleppern wurde die Ares-Reihe abgelöst. Bereits 2012 kam eine neue Generation der Baureihe auf den Markt, zu der auch der Arion 550 gehörte. Fünf Jahre später erhielt das Modell einige technische Veränderungen, die leichte Effizienz- und Leistungssteigerungen zur Folge hatten. Produziert wird der Arion wie alle Claas-Schlepper dieser Klasse im französischen Le Mans.

Der Arion 550 ist hier mit angebauten Mähgeräten zu sehen. Links im Bild befindet sich eine gezogene Mähmaschine aus der Frühzeit der Firma Claas.

TECHNISCHE DATEN	
Bauzeit	Ab 2013
Motor	DPS 4045HRT
Getriebe	stufenlos
Leistung	155 PS
Hubraum	4045 ccm
Zylinder	4
Höchstgeschwindigkeit	40/50 km/h
Länge	4510 mm
Gewicht	6410–7260 kg

Modernste Technik und ein starker Motor verbinden sich im Fendt 936 Vario TMS.

313 Fendt 936 Vario TMS

Auf der Agritechnica 2005 stellte Fendt das neue Flaggschiff aus Marktoberdorf vor. Es handelte sich um den Ackergiganten 936 Vario TMS. „Vario" in der Modellbezeichnung steht für das stufenlose Getriebe, das einen Geschwindigkeitswechsel ohne zu schalten erlaubt. „TMS" bezeichnet das Traktor-Management-System, das hilft, den Schlepper in einem kraftstoffsparenden Betriebszustand zu halten. Für einen niedrigen Kraftstoffverbrauch und ein gutes Abgasverhalten sorgen auch die elektronische Motorregelung, das Common-Rail-Einspritzsystem und die externe Abgasrückführung. Der Sechszylinder-Motor wird von der Kölner Firma Deutz geliefert. Die Kabine bietet dem Fahrer einen angenehmen Arbeitsplatz. Die pneumatische Kabinenfederung schützt vor Stößen bei Arbeiten in unebenem Gelände und vor Vibrationen. Auch vor Lärm wird der Fahrer verschont: nur 70 dB(A) dringen von außen an sein Ohr. Im Variocenter auf dem rechten Kotflügel befinden sich fast alle Bedienelemente.

▶ Wussten Sie schon?

Der Fendt 936 Vario war von 2006 bis 2010 der stärkste Traktor von Fendt, und vor allem bei Lohnunternehmern beliebt.

TECHNISCHE DATEN

Bauzeit	Ab 2006
Motor	Deutz TCD 2013 L06 4V
Getriebe	stufenlos
Leistung	330 PS
Hubraum	7140 ccm, ab 2010: 7755 ccm
Zylinder	6
Höchstgeschwindigkeit	60 km/h
Länge	5655 mm
Gewicht	10360 kg, ab 2010: 10830 kg

Challenger MT865B

Dass große Traktoren nicht langsam sein müssen, zeigt auch der Challenger MT865B. Der 510 PS leistende Gigant mit dem Gummiband-Laufwerk erreicht eine Höchstgeschwindigkeit von annähernd 40 km/h. Das Traktor-Management-Center ermöglicht eine Überwachung der Spannung des Bandlaufwerks. Bei einer zu hohen oder zu niedrigen Spannung wird der Fahrer alarmiert. Der Kraftprotz kann eine Länge von 6,75 Metern und ein Gewicht von über 20 Tonnen vorweisen. Die Breite des Fahrzeugs kann bis zu 3,4 Meter betragen. Der Motor für den Großtraktor wird von Caterpillar geliefert. Es handelt sich um ein Sechszylinder-Dieselaggregat mit einem Hubraum von 18,1 Litern.

TECHNISCHE DATEN	
Bauzeit	Ab 2005
Motor	Caterpillar C18
Getriebe	16V 4R
Leistung	510 PS
Hubraum	18100 ccm
Zylinder	6
Höchstgeschwindigkeit	39,6 km/h
Länge	6750 mm
Gewicht	20096 kg

Durch das gefederte Raupenlaufwerk kann der Challenger MT865B eine hohe Geschwindigkeit erreichen.

315

John Deere 8430

Die 8030er-Reihe wird in dem John-Deere-Werk in Waterloo, im amerikanischen Bundesstaat Iowa, gefertigt. Die großen Sechszylinder-Modelle aus Waterloo werden vor allem auf den weiten nordamerikanischen Feldern eingesetzt. Nicht wenige gelangen aber auch über den Atlantik nach Europa, wo der Hunger der Landwirtschaft nach Motorleistung ebenfalls keine Grenzen zu kennen scheint. Der John Deere 8430 ist das zweitstärkste Modell der 8030er-Reihe. Bei den Nebraska-Tests zeichnete er sich dadurch aus, dass er den geringsten Kraftstoffverbrauch unter den Großtraktoren vorweisen konnte. Die moderne Vierventiltechnik, die gekühlte Abgasrückführung und der variable Turbolader sorgen außerdem für einen geringen Schadstoffausstoß. Das Getriebe bietet 16 Vorwärts- und fünf Rückwärtsgänge. Auf Wunsch ist der John Deere 8430 aber auch mit einem stufenlosen Getriebe erhältlich. Auf der Straße lässt sich mit dem Ackergiganten eine Höchstgeschwindigkeit von 40 Stundenkilometern erreichen.

TECHNISCHE DATEN

Bauzeit	Ab 2006
Motor	John Deere PowerTech Plus
Getriebe	16V 5R
Leistung	305 PS
Hubraum	9000 ccm
Zylinder	6
Höchstgeschwindigkeit	50 km/h
Länge	5640 mm
Gewicht	11770 kg

Der John Deere 8430 wird oft mit Doppelbereifung eingesetzt, um den Bodendruck zu verringern.

Valtra N 141

Der Valtra N 141 hat ein sechsunddreißiggängiges Wendegetriebe.

Erst seit 2001 findet man den Namen Valtra unter den Herstellern von Traktoren. Doch eigentlich ist diese Adresse schon seit vielen Jahren im Traktorgeschäft. Früher Valmet genannt, hat Valtra 1980 Volvos Landtechnik übernommen. Seit 2004 gehört Valtra zum AGCO-Konzern, dem Besitzer von Fendt und Massey Ferguson. Da Valtra (abgekürzt für Valmet Traktoren) nun deren Vertriebswege offenstehen, sind die günstigen und vielseitigen Traktoren gerne gesehen. Ein Jahr nach der Übernahme durch AGCO wurde die N-Serie vorgestellt, die aus Modellen zwischen 88 und 150 PS besteht. Das größte von ihnen ist der N 141, dessen Vierzylinder-Motor vom finnischen Motorbauer SisuDiesel stammt. Mit Transport-Boost erreicht der Schlepper sogar 160 PS. Der N 141 verfügt über elektronisches Motormanagement (EEM3) und Common-Rail-Einspritzung. Dank seiner kompakten Bauweise wurde es möglich, die Motorhaube möglichst kurz zu entwerfen. So verbindet sich der Vorteil einer guten Sicht mit einem optisch ansprechenden Design.

▶ Wussten Sie schon?

Man kann zwischen zwei Motoren unterscheiden. Der normale hat einen Hubraum von 4,4 l, Die Advance-Version hat einen halben Liter mehr zu bieten.

TECHNISCHE DATEN

Bauzeit	Ab 2005
Motor	Sisu Diesel
Getriebe	36V 36R
Leistung	150 PS
Hubraum	4400 ccm
Zylinder	4
Höchstgeschwindigkeit	50 km/h
Länge	4520 mm
Gewicht	4950 kg

317 Case IH STX530QT

Das „QT" in der Typenbezeichnung steht für „Quadtrac" und bezeichnet die vier Raupenlaufwerke.

Seit der Übernahme des Großtraktorenherstellers Steiger werden die Case-IH-Traktoren der obersten Leistungsklasse in Fargo, im US-amerikanischen Bundesstaat North Dakota, gebaut. Dazu gehört auch die STX-Serie. Der STX530QT ist die mit vier Raupenlaufwerken ausgestattete Version des STX530. Bei der Nenndrehzahl von 2.100 Umdrehungen pro Minute leistet er 530 PS. Die Maximalleistung des Großschleppers liegt bei 584 PS. Der Motor, der von Cummins geliefert wird, ist mit Turbolader und Vierventiltechnik ausgestattet.

TECHNISCHE DATEN

Bauzeit	2006–2007
Motor	Cummins QSX15
Getriebe	16V 2R
Leistung	530 PS
Hubraum	15000 ccm
Zylinder	6
Höchstgeschwindigkeit	37 km/h
Länge	7010 mm
Gewicht	24494 kg

318 Antonio Carraro TRX 9400

Die TRX 9400 wird für Transportarbeiten in hügeligem Gelände eingesetzt.

Die Firma Antonio Carraro ist seit 1950 in der Traktorbranche tätig. In dem kleinen Ort Campodarsego in der Nähe von Padua werden kleine Kompaktschlepper für den Wein- und Obstbau sowie für die Landschaftspflege und den kommunalen Bereich hergestellt. Der TRX 9400 ist ein Modell, das sich durch seine Flexibilität für viele Arbeiten eignet, wie dem Pflügen in hügeligem Gelände, Stallarbeiten, der Straßen- und Gründlandpflege, der Obsternte, Forstarbeiten und Aufgaben in der Baubranche.

TECHNISCHE DATEN

Bauzeit	Ab 2006
Motor	Vm Dieselmotor
Getriebe	16V 16R
Leistung	87 PS
Hubraum	2970 ccm
Zylinder	4
Höchstgeschwindigkeit	40 km/h
Länge	3200 mm
Gewicht	2040 kg

Challenger MT875B

Challenger hat seinen Ursprung bei dem Unternehmen Caterpillar. 1987 stieg der Baumaschinenhersteller mit den gelben Challenger-Schleppern in die Traktorenfertigung ein. Was Caterpillar zu diesem Schritt veranlasste, war die Entwicklung des Mobil-trac-Systems, eines gefederten Raupenlaufwerks, das anstelle der stählernen Gleisketten mit Gummibändern ausgestattet war. Das Mobil-trac-System war bodenschonend und machte dadurch den Einsatz von Raupen auch in der Landwirtschaft interessant. Aber schon 2002 stieg Caterpillar wieder aus der Traktorenbranche aus und verkaufte seine Challenger-Sparte an das große Landtechnikunternehmen AGCO. Seitdem gesellten sich zu den Raupentraktoren auch Vierradtraktoren, Mähdrescher, Ballenpressen, selbstfahrende Feldspritzen und andere Landmaschinen. 2005 überraschte AGCO die Öffentlichkeit mit der Vorstellung des stärksten in Serie gebauten Traktors der Welt, des Challenger MT875B, der eine Nennleistung von 570 PS und eine Maximalleistung von 600 PS vorweisen kann.

▶ Wussten Sie schon?
Challenger-Traktoren werden als sogenannte „Scraper" auch oft im Straßenbau und für Erdbewegungen eingesetzt.

TECHNISCHE DATEN

Bauzeit	Ab 2006
Motor	Caterpillar C18
Getriebe	16V 4R
Leistung	570 PS
Hubraum	18100 ccm
Zylinder	6
Höchstgeschwindigkeit	39,6 km/h
Länge	6754 mm
Gewicht	19822 kg

Die Marke Challenger steht für leistungsstarke Traktoren, die in der großflächigen Landwirtschaft zum Einsatz kommen.

Ferrari 85 Vega AR

Die Ferrari-Traktoren tragen zwar den gleichen Namen wie die berühmten Sportautos aus Maranello, stammen aber aus dem etwa 65 Kilometer entfernten Luzzara, das ebenfalls in der italienischen Region Emilia-Romagna liegt. Seit 1988 ist der Traktorhersteller Ferrari Teil der BCS Group, die neben Traktoren auch andere Maschinen für die Bodenbearbeitung, die Grünflächenpflege und Sonderkulturen anbietet.

TECHNISCHE DATEN

Bauzeit	Ab 2012
Motor	Kohler KDI 2504 TCR
Getriebe	16V 16R
Leistung	75 PS
Hubraum	2482 ccm
Zylinder	4
Höchstgeschwindigkeit	40 km/h
Länge	3790 mm
Gewicht	2390 kg mit Kabine

Der 75 PS starke Vega 85 AR ist eine leistungsstarke Maschine, die für die Arbeit in landwirtschaftlichen Betrieben und Sonderkulturen mit begrenztem Manövrierraum, wie Weinbergen, Obstplantagen oder Gewächshäusern, entwickelt wurde. Neben der Ausführung mit Zentralgelenk (AR = articolazione centrale) gibt es auch Versionen als Frontlenker (RS und MT) sowie mit dem doppeltem Lenksystem „Dualsteer". In der Standardausführung ist der Vega 85 mit einem Umsturzbügel versehen. Eine Kabine mit Heizung und Klimaanlage ist als optionale Ausrüstung erhältlich.

2011 stellte Ferrari den 85 Vega AR auf der Landtechnikmesse Agritechnica in Hannover vor.

Der T9060 von New Holland gehört zu den großen Knicklenkern.

321

New Holland T9060

Mitte 2006 begann die Produktion der T9000-Reihe von New Holland. Das stärkste Modell dieser Baureihe von Großtraktoren ist der T9060 mit einer Leistung von 535 PS. Der Sechszylinder-Motor wird von Cummins geliefert. Zur optionalen Ausstattung des Schleppers gehört ein automatisches Lenksystem, das bei Arbeiten auf großen Feldern mit Hilfe von GPS das Steuern übernimmt, um Spurüberschneidungen oder Abstände zwischen den Spuren zu vermeiden. Auch ein Vorgewende-Management-System kann installiert werden. Mit dieser Automatik können die Bedienfolgen, die am Vorgewende eines Feldes nötig sind, gespeichert und auf Abruf selbstständig ausgeführt werden.

▶ Wussten Sie schon?

Beim Arbeiten auf großen Feldern kann ein automatisches Lenksystem die Steuerung des T9060 übernehmen.

TECHNISCHE DATEN

Bauzeit	Ab 2006
Motor	Cummins QSX15
Getriebe	16V 2R
Leistung	535 PS
Hubraum	15000 ccm
Zylinder	6
Höchstgeschwindigkeit	29 km/h
Länge	7558 mm
Gewicht	24494 kg

322

John Deere 6530

Das ehemalige Lanz-Werk in Mannheim ist heute der zweitgrößte Produktionsstandort von John Deere. Während das Werk in Waterloo, im amerikanischen Bundesstaat Iowa, vor allem für die Herstellung der Großtraktoren zuständig ist, hat man sich in Mannheim auf den Bau von Schleppern der Mittelklasse spezialisiert. In diesen Bereich fällt auch die Baureihe 6030, die seit 2007 in Mannheim von den Bändern läuft. Zur Baureihe gehören sowohl Vierzylinder- als auch Sechszylinder-Modelle. Der John Deere 6530 ist das kleinste der Sechszylinder-Modelle. Die Motorleistung liegt bei 125 PS. Mit Hilfe des intelligenten Power Managements kann sie auf 140 PS erhöht werden.

▶ **Wussten Sie das schon?**
Der 6530 ist mit einem PowerTech-Plus-Motor ausgestattet, der die neuesten Abgasvorgaben erfüllt.

TECHNISCHE DATEN

Bauzeit	Ab 2007
Motor	John Deere PowerTech Plus
Getriebe	24V 24R
Leistung	125 PS
Hubraum	6788 ccm
Zylinder	6
Höchstgeschwindigkeit	50 km/h
Länge	4728 mm
Gewicht	5080 kg

Die 6030-Reihe gehörte zu den erfolgreichsten Baureihen von John Deere.

Ein Fendt 933 Vario mit einer bodenschonenden Doppelbereifung an der Vorder- und Hinterachse.

323

Fendt 933 Vario

Zu den Giganten der neuen 900er-Vario-Reihe, die von Fendt 2006 eingeführt wurde, gehörte der 933 Vario, der eine Nennleistung von 300 PS und eine Maximalleistung von 330 PS vorweisen konnte. Für die Leistung war ein 7,2 Liter großer Sechszylindermotor von Deutz verantwortlich. Der 933 gehörte zu den Modellen, die keinen Vorläufer in der älteren Favorit-900er-Reihe hatten. Wie die anderen Modelle der Baureihe, erfuhr 2010 auch der 933 Vario eine Überarbeitung. Dazu gehörte die Vergrößerung des Hubraums auf 7,8 Liter, wobei die Leistungsangaben jedoch gleich blieben. Eine wichtige Neuerung war die Ausrüstung mit der SCR-Technologie, bei der eine Abgasnachbehandlung mit der Harnstofflösung AddBlue stattfindet, was eine Einhaltung der immer strikter werdenden Vorschriften hinsichtlich der Stickoxid- und Partikelemissionen ermöglicht. Die neue geräumige x5-Kabine, eine der größten ihrer Art, bietet einen komfortablen Arbeitsplatz mit Schallschutz und einer hohen Bewegungsfreiheit.

TECHNISCHE DATEN	
Bauzeit	Ab 2006
Motor	Deutz TCD 2013 L06 4V
Getriebe	stufenlos
Leistung	300 PS
Hubraum	7140 ccm, ab 2010: 7755 ccm
Zylinder	6
Höchstgeschwindigkeit	60 km/h
Länge	5655 mm
Gewicht	10260 kg, ab 2010: 10760 kg

324 Deutz-Fahr Agrotron X 720

Mit der Agrotron-X-Reihe, die der breiten Öffentlichkeit 2006 auf der Landwirtschaftsausstellung EIMA in Bologna und im März des darauf folgenden Jahres auf der SIMA in Paris vorgestellt wurde, führte Deutz-Fahr neue Großtraktoren ein. Mit einer Nennleistung von 262 PS und einer Maximalleistung von 275 PS wurde der Agrotron X 720 zum neuen Flaggschiff der in Lauingen hergestellten Schlepper. Die neuen Motoren werden von der Deutz AG in Köln geliefert. Mit ihren Vier-Ventil-Zylinderköpfen, der gekühlten Abgasrückführung und dem Common-Rail-Einspritzsystem erfüllen sie die neuesten Abgasstandards und sind sparsamer beim Kraftstoffverbrauch. Die Höchstgeschwindigkeit liegt bei 50 Stundenkilometern. Sie kann aber auch auf 40 km/h beschränkt werden.

TECHNISCHE DATEN

Bauzeit	Ab 2007
Motor	Deutz TCD 2013 L06 4V
Getriebe	40V 40R
Leistung	262 PS
Hubraum	7146 ccm
Zylinder	6
Höchstgeschwindigkeit	50 km/h
Länge	5268 mm
Gewicht	9430 kg

Beim Agrotron X wurde die Zugänglichkeit zu den einzelnen Wartungselementen erleichtert.

JCB Fastrac 8250

Mit den Fastracs zeigte JCB, dass auch bei den Traktoren die Geschwindigkeit eine große Rolle spielt.

JCB war ursprünglich hauptsächlich in der Baumaschinenbranche tätig und gehört zu den wenigen Unternehmen, die erst spät einen Einstieg in den Traktorbau wagten. Anfang der neunziger Jahre überraschte das britische Unternehmen die Öffentlichkeit mit seinen schnellen Fastracs. Joseph Cyril Bamford, der Firmengründer, hatte erkannt, dass ein großer Teil der Einsatzzeit eines Traktors auf der Straße verbracht wird. Mit einer Erhöhung der Geschwindigkeit könnte diese Zeit verkürzt und dadurch die Produktivität erhöht werden. Der Fastrac 8250 gehört zu einer neuen Generation von Traktoren aus dem Hause JCB. Die Motorleistung liegt bei 248 PS und wird von einem Sechszylinder-Motor von Cummins erbracht. Der Motor verfügt über einen Tubolader, Common-Rail-Einspritzung, Vierventiltechnik, Ladeluftkühlung und erfüllt die neuesten Abgasrichtlinien. Beim Getriebe handelt es sich um das stufenlose V-Tronic von AGCO, das über zwei Fahrbereiche verfügt.

▶ Wussten Sie schon?
Mit einer Höchstgeschwindigkeit von 70 oder 80 km/h können die Fastracs von JCB sogar auf der Autobahn fahren.

TECHNISCHE DATEN

Bauzeit	Ab 2006
Motor	Cummins QSC
Getriebe	stufenlos
Leistung	248 PS
Hubraum	8268 ccm
Zylinder	6
Höchstgeschwindigkeit	70 km/h
Länge	5650 mm
Gewicht	10640 kg

326 Carraro Agriplus 85 V

Der Agriplus 85 V ist zwar klein und schmal, besitzt aber einen 77 PS starken Motor.

Die Agriplus-Reihe wurde 2007 von Antonio Carraro vorgestellt. Dazu gehören Standardtraktoren sowie Schlepper für den Wein- und Obstbau. Produziert werden die Agriplus-Modelle jedoch nicht von Antonio Carraro selbst, sondern von dem Unternehmen Carraro S. p. A., das in Rovigo, in der italienischen Region Venezien, ein Werk besitzt. Der Namensvetter aus Campodarsego hat für die Baureihe den Vertrieb übernommen. Der Motor stammt von Deutz.

TECHNISCHE DATEN	
Bauzeit	Ab 2007
Motor	Deutz F4L 914
Getriebe	24V 24R
Leistung	77 PS
Hubraum	4314 ccm
Zylinder	4
Höchstgeschwindigkeit	35 km/h
Länge	3730 mm
Gewicht	2495 kg

327 John Deere 9630

Der 9630 ist der Goliath unter den John-Deere-Traktoren.

Die 9030er-Reihe ist die Baureihe mit dem bislang stärksten John-Deere-Traktor. Das Flaggschiff unter den 9030ern ist der 9630. 543 PS Nennleistung kann der Sechszylinder-PowerTech-Plus-Motor von John Deere vorweisen. Die Schaltzentrale des Traktorgiganten ist die großräumige Fahrerkabine mit der Bezeichnung „CommandCenter“. Von seinem luftgefederten Sitz aus kann der Fahrer bequem alle Bedienelemente erreichen. Der John Deere 9630 ist bereit standardmäßig auf den Einsatz eines automatischen Lenksystems vorbereitet.

TECHNISCHE DATEN	
Bauzeit	Ab 2007
Motor	John Deere PowerTech
Getriebe	18V 6R
Leistung	543 PS
Hubraum	13500 ccm
Zylinder	6
Höchstgeschwindigkeit	50 km/h
Länge	6860 mm
Gewicht	16914 kg

Lindner Unitrac 92

328

Der Unitrac 92 ist ein Transportfahrzeug für die Landwirtschaft, das auch als Arbeitsmaschine bei der Feldarbeit besonders in Grünlandbetrieben universell einsetzbar ist. Die Aufbaufläche hinter der Fahrerkabine kann mit verschiedenen Ladebehältern oder

Der Unitrac ist ein intelligentes Fahrzeugkonzept, das einige Ähnlichkeit zum Unimog hat.

Geräten ausgerüstet werden. Es sind aber auch Geräteanbauten an der Front und am Heck möglich. Der Unitrac hat ein Wendegetriebe, optionale Allradlenkung und ein sehr komfortables Fahrerhaus.

TECHNISCHE DATEN

Bauzeit	Ab 2006
Motor	Perkins 1104C - 44 Turbo
Getriebe	16V 16R
Leistung	91 PS
Hubraum	4399 ccm
Zylinder	4
Höchstgeschwindigkeit	50 km/h
Länge	4778 mm
Gewicht	2990 kg

Antonio Carraro Tigre 3200

329

Der Tigre 3200 von Antonio Carraro ist ein kompakter Traktor mit vier gleichgroßen Rädern. Er ist eine Allround-Maschine für Pflegearbeiten in Park- und Gartenanlagen, auf Sportplätzen und in kommunalen Anlagen. Der mit Allrad ausgestattete Kleintraktor eignet sich aber auch für landwirtschaftliche Arbeiten auf kleinen Parzellen und in Plantagen. Der niedrige Schwerpunkt und der integrale Schwingrahmen sorgen für eine verbesserte Bodenhaftung.

Der Tigre 3200 ist ein kompakter Traktor, der sich auch für Arbeiten in Obstplantagen eignet.

TECHNISCHE DATEN

Bauzeit	Ab 2008
Motor	Yanmar Dieselmotor
Getriebe	8V 2R
Leistung	26 PS
Hubraum	1116 ccm
Zylinder	3
Höchstgeschwindigkeit	25 km/h
Länge	2640 mm
Gewicht	1000 kg

330 Claas Xerion 3800

Der Xerion 3800 wurde von Claas 2007 auf der Agritechnica in Hannover vorgestellt. Angetrieben wird der „große Bruder" des Xerion 3300 von einem Sechszylinder-Caterpillar-Motor, der eine Nennleistung von 344 PS erzielt. Die maximale Leistung liegt bei 379 PS. Der mit Turbolader und Ladeluftkühlung ausgestattete Motor erfüllt die neuesten Abgasrichtlinien. Durch die Gewichtsverteilung von 53 Prozent vorne und 47 Prozent hinten bei den Trac- und Trac-VC-Ausführungen wird für eine optimale Übertragung der Zugkraft und eine weitgehende Bodenschonung auch bei schwersten Feldarbeiten gesorgt. Die Lenkachsen des Xerion sorgen zudem für eine hohe Wendigkeit. Der Xerion 3800 ist wie das kleinere Xerion-Modell mit dem stufenlosen Eccom-Getriebe von ZF ausgestattet und kann von 0 km/h bis 50 km/h ohne zu schalten beschleunigt und verlangsamt werden. Die 6- oder 20-teilige Zapfwelle kann mit 1.000 Umdrehungen pro Minute mit einer niedrigen kraftstoffsparenden Motordrehzahl arbeiten. Zur Ausstattung gehören auch ein vorderes und ein hinteres Hubwerk mit jeweils zwei Geschwindigkeiten. Die Hubkraft liegt bei 7,1 beziehungsweise 8,1 Tonnen.

TECHNISCHE DATEN

Bauzeit	Ab 2008
Motor	Caterpillar Turbo
Getriebe	stufenlos
Leistung	344 PS
Hubraum	8804 ccm
Zylinder	6
Höchstgeschwindigkeit	50 km/h
Länge	6630 mm
Gewicht	10200 kg

Die Kabine des Xerion 3800 VC kann um 180 Grad gedreht werden.

Mit seinem Raupenlaufwerk kann der John Deere 9530T die schwersten Geräte ziehen.

331

John Deere 9530T

Ein Problem großer Traktoren und Maschinen ist die Bodenverdichtung, der man manchmal durch das Anbringen von Doppel- oder sogar Dreifachreifen entgegenzuwirken versucht. In den neunziger Jahren kamen gleich mehrere Traktorhersteller auf die Idee, durch die Verwendung eines Raupenlaufwerks den Druck des Schleppers auf den Boden zu verringern und gleichzeitig damit die Traktion zu erhöhen. Allerdings handelte sich bei diesen Raupen nicht um stählerne Ketten wie bei Panzern oder Baumaschinen, sondern um Gummibänder auf gefederten Laufwerken, wodurch eine Beschädigung des Bodens verhindert wird. Bei John Deere werden Schlepper der Oberklasse, zu denen der 9530T gehört, mit solchen Laufwerken ausgestattet. Der 9530T war das zweitstärkste Modell der Baureihe. Er wurde wie die anderen Modelle der 9030-Reihe in Waterloo gebaut. Hinsichtlich der Leistung wurde er vom 9630 mit 543 PS übertroffen.

▶ Wussten Sie schon?

Das Raupenlaufwerk aus Gummi schont den Boden und ermöglicht eine hohe Geschwindigkeit.

TECHNISCHE DATEN

Bauzeit	Ab 2007
Motor	John Deere PowerTech Plus
Getriebe	18V 6R
Leistung	491 PS
Hubraum	13500 ccm
Zylinder	6
Höchstgeschwindigkeit	37 km/h
Länge	k.A.
Gewicht	19504 kg

332 Steyr CVT 6225

Mit dem Steyr CVT 6225 lässt sich stufenlos beschleunigen.

Zur Gruppe der schnellen Großtraktoren gehört auch der Steyr 6225 CVT, der mit einem stufenlosen Getriebe ausgestattet ist. Der 6225 ist das stärkste Modell der CVT-Modelle, die 2008 zum ersten Mal vorgestellt wurden und mit denen Steyr die 200-PS-Grenze überschreitet. Ein leichter Fahrtrichtungswechsel ist bei den CVT-Modellen mit Hilfe des Powershuttle-Hebels, der sich an der Lenksäule befindet, möglich. Der Traktor ändert bei Betätigung des Hebels selbstständig die Richtung.

TECHNISCHE DATEN	
Bauzeit	Ab 2009
Motor	Iveco Turbo
Getriebe	stufenlos
Leistung	224 PS
Hubraum	6728 ccm
Zylinder	6
Höchstgeschwindigkeit	50 km/h
Länge	5017 mm
Gewicht	7200 kg

333 McCormick TTX 230

Mit dem Heckkraftheber kann der McCormick TTX 230 bis zu 10.950 kg heben.

McCormick war ursprünglich ein Markenname der International Harvester Company, wurde aber seit den 1970er-Jahren nicht mehr für Traktoren verwendet. Heute benutzt das Landtechnikunternehmen Argo den Namen McCormick für seine Schlepper. Die Traktoren werden in Fabbrico gebaut, wo auch die Landini-Traktoren entstehen. Die TTX-Reihe kam 2009 auf den Markt. Sie setzt sich aus drei Modellen zusammen, von denen der TTX 230 mit einer Höchstleistung von 213 PS das stärkste ist. Mit dem Power-Management kann der Schlepper sogar 225 PS erzielen.

TECHNISCHE DATEN	
Bauzeit	ab 2009
Motor	BetaPower
Getriebe	32V 24R
Leistung	213 PS
Hubraum	6.728 ccm
Zylinder	6
Höchstgeschwindigkeit	50 km/h
Länge	5.307 mm
Gewicht	7.250 kg

Im Bereich der kleinen Kompakttraktoren haben sich seit den 1990er-Jahren auf dem europäischen Markt asiatische Anbieter einen beträchtlichen Marktanteil erobert. Dazu gehören die Traktoren der Marke Kioti des koreanischen Unternehmens Daedong.

Der Traktor als Sammelobjekt

Museen und Traktorclubs

Während noch vor einigen Jahren ausgediente Schlepper in irgendeiner dunklen Ecke einer Scheune von besseren Zeiten träumten und so mancher kleine Traktor, der einem größeren, stärkeren hatte weichen müssen, zerschunden und verbeult von Unkraut überwuchert wurde oder gar irgendwo im Wald verrostete, so sieht das Schicksal vieler der alten Helfer unserer Vorfahren heute erfreulicher aus. Seit ein paar Jahren, seit die Kultur des Aufbewahrens und Erinnerns sowie die Errichtung von Museen aller Art bei uns zur Lebensgewohnheit geworden ist, wird auch der Schlepper als Objekt des Erhaltens und Restaurierens wieder entdeckt.

Waren es erst nur die Lanz Bulldogs mit ihren charakteristischen Glühkopfmotoren, die die Herzen vieler alter und junger Fans höher schlagen ließen, so wurden schließlich immer mehr Marken wiederentdeckt, liebevoll restauriert und auf kleinen und großen Treffen stolz vorgeführt.

Die Zahl der Clubs, Vereine und Interessensgemeinschaften, die rund um das Hobby Traktor entstanden sind, ist inzwischen unüberschaubar. Kaum ein Dorf, in dem nicht mindestens zwei begeisterte Schlepperfreunde beisammensitzen. Auch in den Städten wohnen viele Menschen, die sich an ihre Jugend erinnern, die den Schlepper ihres Vaters in Ehren halten und wieder zu einem Schmuckstück machen.

Die gemeinsamen Ausfahrten mit einer kräftigen Brotzeit, einem gemütlichen Bier und der Schlepperparade auf einem freien Feld gehören für viele zum fixen Feiertagskalender. Sternfahrten wie beim jährlich stattfindenden großen Treff in Maurach am Achensee werden zu richtigen Mega-Events.

Man bewundert die Tüftler, die jede freie Minute in ihrer Werkstatt verbringen und sich sachkundig an die Restaurierung ihres alten Fahrzeugs machen. Ein paar tausend Arbeitsstunden sind schnell vergangen, bis man zum ersten Mal ausfahren kann, um die Neugier der Nachbarn auf sich zu ziehen. Es hat sich gelohnt.

Aber wie viele Fragen müssen vorher geklärt werden: Welche Lackierung trug der Schlepper ab Werk? Wo bekomme ich die passenden Ersatzteile her? Warum

Schleppertreffen und Feldtage werden auch bei denen, die keinen Traktor besitzen, zum echten Ereignis und bieten oft einen persönlichen Blick in die Vergangenheit.

Uralte, alte und auch etwas neuere – aber eigentlich auch schon betagte – Traktoren von allen möglichen Marken findet man auf den vielen Traktortreffen.

kriege ich den Motor nicht zum Laufen (heißes Thema für Lanz-Neulinge)? Warum spuckt der Motor so viel Öl? Da bewundert man die kameradschaftliche Art der Schlepperfreunde untereinander. Man hilft sich und freut sich dann gemeinsam, wenn das Problem gelöst ist.

Es sind nicht nur große Erfindungen wie er erste Dieselmotor, das schnellste Flugzeug oder die größte Belagerungskanone, die die Menschen interessieren. Immer genauer wollen wir wissen, wie unsere Vorfahren lebten. Angesichts unseres technischen Fortschritts können wir uns oft gar nicht mehr vorstellen, wie der Alltag ohne Mikrowelle, Urlaubsflieger oder Home-Cinema zu bewältigen war. Gebrauchsgegenstände aus der Nachkriegszeit wecken heute bei den älteren von uns Erinnerungen an die Kindheit und frühe Jugend. Die jüngeren staunen, mit welchen Mitteln man sich damals zu behelfen wusste.

So ist der Traktor auch als Ausstellungsobjekt in Museen entdeckt worden. Oft aus privater Initiative heraus und ohne jede Unterstützung durch staatliche Stellen werden in vielen Orten technische oder Bauernhofmuseen gegründet. Neben Traktoren und Landmaschinen kann man dort oft viele Gebrauchsgegenstände aus dem täglichen Leben finden. Sie sind auch für Familien einen Ausflug wert.

In Traktormuseen kann man häufig historische Modelle entdecken, die heute von besonderem Seltenheitswert sind.

Ab den 1970er-Jahren gelang dem Allradantrieb der Durchbruch. Selbst Mittelklasseschlepper, wie der Fendt Farmer in diesem Bild, wurden mit dem Vierradantrieb ausgestattet.

Unser komplettes Programm finden Sie unter

www.geramond.de

Verantwortlich: Martin Distler
Satz: Silke Schüler, München
Repro: LUDWIG:media
Herstellung: Julia Hegele
Einbandgestaltung: Ralph Hellberg
Printed in Poland by CGS Printing

★★★★★

Sind Sie mit diesem Titel zufrieden? Dann würden wir uns über Ihre Weiterempfehlung freuen. Erzählen Sie es im Freundeskreis, berichten Sie Ihrem Buchhändler, oder bewerten Sie das Werk online. Und wenn Sie Kritik, Korrekturen Aktualisierungen haben, freuen wir uns über Ihre Nachricht an den GeraMond Verlag, Postfach 40 02 09, D-80702 München oder per E-Mail an lektorat@geramond.de.

Die Deutsche Nationalbibliothek verzeichnet diese Publikation in der Deutschen Nationalbibliografie, detaillierte bibliografische Daten sind im Internet über http://dnb.d-nb.de abrufbar.

3., aktualisierte Nachauflage

ISBN 978-3-86245-743-4

Bildnachweis:

Alle Bilder stammen vom Verfasser, mit Ausnahme von:

AGCO: 4/5, 20, 30 u, 53, 96 u, 139 o, 140, 153, 179, 197 o, 198 o, 199, 200, 210, 211, 214, 220, 221, 224 o, 226, 233, 236 u, 237, 241, 243 o, 252 o, 256, 262, 263, 265, 267, 271, 282/283
Allgaier: 75 u, 93 u, 107 o
Antonio Carraro: 266 u, 274 o, 275 u
Argo: 278 u
Paulus Beuken: 36, 45 u, 97, 101, 119, 130
Peter Böhlke: 166
Claas: 196, 259, 261 o, 276
CNH: 22, 238 o, 246, 258, 266 o, 269, 278 o
Daimler: 204 u, 218 u, 229 u
Dake / Creative Commons Attribution-Share Alike 3.0 Unported : 40
Deere & Co: 21 o, 23 u, 145 o, 218 o, 223, 224 u, 231, 232, 239, 240, 243 u, 244, 251, 252 u, 255 beide, 257, 264, 270, 274 u, 277
Deutz / Deutz-Fahr / SDF: 6, 19, 25, 33, 38, 168 u, 209 o, 217, 225 u, 238 u, 245 u, 247, 250, 260 u, 272
Eicher: 48, 129, 225 o
Ferguson: 44
Wolfgang Franke: 39 u
JCB: 236 o, 273
Köszegi: 21 u
Lanz: 26, 39 o, 92 o, 121 u, 123 u
Lindner: 188, 249, 275 o
MAN: 52 o
MWM: 68 u
Udo Paulitz: 27, 30 o, 35 beide, 42 o, 43, 47, 71 o, 76, 80, 86 u, 90, 91, 94, 99, 102 beide, 110 u, 135 u, 143, 147, 159, 165
Ronald Plett / Pixabay: 213 o
Porsche-Archiv: 54, 79, 134 o
Ralf Puschmann: 215
Ritscher: 56 o, 121 o
Lars Rotzsche: 60
Sammlung Karl-Heinz Vogler : 187
J. Scharnhop / S. Schobbert: 61
Sebastian Schobbert: 174
Chr. Späth : 136 o
Stihl: 67 u
Klaus Tietgens: 23 o, 69 o, 74, 160, 185, 212 o, 230 u
Daniela Trauthwein: 193
Don Vigo: 170, 184
Carl-Heinz Vogler: 72, 134
Weigold: 71 u
Wotrak: 69 u

Ebenfalls erhältlich ...

ISBN 978-3-86245-555-3

ISBN 978-3-86245-618-5

ISBN 978-3-86245-575-1

ISBN 978-3-86245-605-5

GeraMond

www.geramond.de